絵でわかる

An Illustrated Guide to Network

ネットワーク

岡嶋裕史 著
Okajima Yushi

講談社

ブックデザイン————安田あたる
カバー・本文イラスト—平坂紗矢佳

はじめに

　たいていのサービスは進化するとブラックボックスになります。

　そこに悪意はありません。サービスを提供する人や組織は、もっと多くの人に使ってもらおう、簡単に使ってもらおうと誠実に努力しています。水を得ようと思ったら、最初は土地に井戸を掘ったり、遠くの水源から運んできたりするしか方法がなかったのに、貯水池や導水路、浄水場が整備され、カランを操作するだけで何も苦労なく水が出てくるようになりました。これにより、わたしたちの生活はとても便利になりましたが、一方で水を得るためのプロセスをわたしたちから隠蔽しました。

　それは一概に悪いことではないでしょう。水のことなど何も知らなくても、安全に暮らしていけるようになったのですから。

　でも、ひょっとしたら（水道局の人はそんなことはしませんが）、「今日はあっちの蛇口をひねった方が、おいしい水が出るぞ」ということがあるかもしれません。詳しい人はそうしているけれども、水に対する知識を失ってしまったわたしたち一般人は、おいしくない水を飲んでいるとか、そういった損を被っていても気づかないのです。命にかかわるインフラがまったくのブラックボックスになってしまうのは、ちょっと怖いことです。

　そして、インターネットも、いまや命にかかわるようなインフラです。

　インターネットは最初、使える人だけが使える、そっけない通信技術でした。マニュアルすらろくに整備されておらず、頻繁にアップデートされるソフトウェアを導入し、四苦八苦の試行錯誤を経て設定し、場合によってはケーブルすら自作してやっとたどり着く世界だったのです。

　それに比べると、いまのインターネットは隔世の感があるほどにフレンドリーです。むき出しのケーブルやチップをいじる機会なんてないですし、ソフトウェア的な設定も、ハードウェア的な調整も、何なら無線の周波数まで自動的に整えてくれます。「インターネットにつなぐ」行為について、利用者の出番はほとんどありません。

　それがインターネット利用者を爆発的に増大させ、社会の高度化、人間の活動の高度化をもたらしました。とてもいいことだと思います。

　しかし、一方でインターネットに詳しくない人は損をしがちだとか、弊

害も目立つようになりました。使い古された言葉で言えば、デジタルデバイド（情報格差）です。法律にしろ、経済にしろ、人間関係にしろ、何かの「しくみ」に詳しい人は、その分野で得をします。だからわたしたちは学校で、法律や経済や人文について学び、世間を渡るスキルを得て、緊急事態に対応できるように武装するわけです。

　ブラックボックスの中身は、知っておくに越したことはありません。なにより、よくできたしくみには、純粋に知的好奇心をくすぐられます。人の知恵が組み上げた巨大な構造物を、ぜひ本書で楽しんでください。

　この本では、第1章で通信にとってルールがいかに大事か、よくできたルールとは何なのか、第2章でインターネットの根幹のしくみにかかわってくるコンピュータからコンピュータへ情報を伝えるやり方について、第3章ではコンピュータ内でアプリはどう振る舞っているのか、第4章ではインターネットの中身はどうなっているのかを説明します。ここまで読んでいただければ、インターネットの根っこの部分は分かります。

　続く第5章は、インターネットに接続された会社や家で安全を守る方法、第6章ではインターネットというしくみに乗っかって動いているアプリについて一部を取り上げてお話しします。第7章はWi-Fiです。インターネットの根っこは有線を基本として考えられていますが、どこがどう違うのか見てみましょう。第8章はクラウドです。名前の通り雲を掴むような説明をされることが多い技術ですが、個人で使う機会も増えてきました。その構造をしっかりとつかんでおきましょう。

　本書は2006年に集英社から上梓した『郵便と糸電話でわかるインターネットのしくみ』を加筆・改稿したものです。この本が再び日の目を見る機会を与えてくださった講談社サイエンティフィクの秋元将吾様に深謝いたします。そして、お手にとってくださった皆さまに心よりの感謝を申し上げます。

　皆さまがインターネットに興味を持つきっかけになったり、学びの最初の1冊になったりすることがあれば、これ以上の幸せはありません。

2020年3月

岡嶋 裕史

はじめに iii

第1章 通信の基本はのろしと糸電話
プロトコルのしくみ

1.1 プロトコル
——話すときは相手の目を見ましょう 2
ネットワークを理解するには 2
両者が同じ認識を持つことが必須 2
通信であることが分かっても意味が分からない 3
プロトコルは星の数ほど 4

1.2 OSI 基本参照モデル
——プロトコルの作り方を決めて、使いやすくしよう 6
プロトコルは小さくしたほうがいい 6
プロトコルには上下関係がある 7
各階層の特徴 9

1.3 回線交換と蓄積交換
——相手への送り方にも、いろいろある 11
電話は回線交換 11
回線交換は回線を占有する 12
回線交換の欠点を補う蓄積交換 13
通信のかたまりをつくる 14
あて先情報が必要 14
異機種間接続 17
通信を切断せずに経路制御ができる 18

蓄積交換のデメリット　19

1.4　**コネクション型通信とコネクションレス型通信**
　　——ノックをするか、いきなり入るか　20
　　通信では相手の事情も大切　20
　　いきなり送りつけるコネクションレス型通信　20
　　送達確認で信頼性をあげるコネクション型通信　21

1.5　**LAN と WAN**
　　——小さいか大きいか、だけでもないらしい　22
　　大きさが目安になる　22

第2章　インターネットの住所は、郵便未満電話以上
IP アドレスと MAC アドレス

2.1　**通信とアドレス**
　　——あて先と送り主は、どんな通信ても最重要　26
　　アドレスの必要性　26
　　アドレスの一意性　27

2.2　**IP アドレス**
　　——インターネットて使われる唯一絶対の住所　29
　　IP アドレスは世界中で1つ　29
　　コンピュータに最適化したアドレス　31

2.3　**ネットワークアドレスとホストアドレス**
　　——部屋の名前か、人の名前か　32
　　アドレスを階層化する知恵　32
　　ネットワークアドレスとホストアドレスで2段階化　34

2.4　**サブネットマスク**
　　——ネットとホストに区切れを入れる　36
　　切れ目は自分で選べる　36
　　サブネットマスクの表し方　37

2.5　**IP アドレス以前のネットワークの状態**
　　——部屋の中だけなら、これでもいい　41
　　MAC アドレス　41

　　　MAC アドレスは大規模ネットワークには不向き　42

2.6　**ARP**
　　　——住所と名前をつなぐ架け橋　44
　　　IP アドレスと MAC アドレスを結びつける　44
　　　イーサネット内では MAC アドレスで通信　47

2.7　**ブリッジによる分割**
　　　——混んできたら、部屋を分ける　48
　　　CSMA/CD 方式　48
　　　衝突は事後対応する　49
　　　ブリッジによる分割　51
　　　最初は学習する　52

2.8　**ルータによる分割**
　　　——「全員あて」の通信が届く範囲　54
　　　ブリッジでは制御できない通信　54
　　　ルータによるネットワーク分割　55
　　　ルータを経由する通信の手順　56
　　　デフォルトゲートウェイが通信を中継　59
　　　パケットを作る流れ　61
　　　通信機器によって見るヘッダが異なる　62

第3章　郵便屋さんの仕事は、家のポストまで
ポート番号のしくみ

3.1　**コンピュータ内での通信**
　　　——IP アドレスでは、アプリまで届かない　66
　　　あて先サービスとあて先コンピュータ　66
　　　コンピュータはマルチタスク　67

3.2　**ポート番号**
　　　——マンションの郵便受けみたいな感じ？　68
　　　プログラムの識別にはポート番号を使う　68
　　　Well Known ポート　70
　　　Well Known ポートはなぜ必要か　72

　　　　ポートは閉じておくこともできる　73

3.3　**UDP**
　　　　──コネクションをつながない、せっかちプロトコル　74
　　　　トランスポート層は通信品質を制御するところ　74
　　　　品質はいらない場合もある　75
　　　　UDP　77

3.4　**TCP**
　　　　──接続確認が手厚い、慎重プロトコル　78
　　　　通信の初めと終わりに 3 ウェイハンドシェイク　78
　　　　データ伝送時の確認応答　79

3.5　**TCP を高速化する方法**
　　　　──遅いはずのものを速くする、いろんな工夫　82
　　　　スライディングウインドウ方式　82
　　　　高速再送制御　84

3.6　**フロー制御**
　　　　──あっぷあっぷしている相手には手加減を　86
　　　　スロースタート　86

第 4 章　インターネットの交通整理はルーターにおまかせ
ネットワークの距離の数え方

4.1　**ルーティング**
　　　　──道案内と交通整理　90
　　　　大規模なネットワークを構築する　90
　　　　ルーティングテーブルには何が必要か　92

4.2　**ルーティングテーブル**
　　　　──つねに変わり続けるインターネットの地図　94
　　　　ルーティングテーブル　94
　　　　ルータにもデフォルトゲートウェイはある　96

4.3　**ルーティングプロトコル**
　　　　──交通整理の手順を決める、規模によって手順が違う　98
　　　　スタティックルーティングとダイナミックルーティング　98

ディスタンスベクタ型　99

リンクステート型　100

RIP　102

OSPF　105

OSPF ルータの動き　106

4.4　**プライベートアドレス**

———インターネットの内線番号　108

IP アドレスが足りない　108

抜本的な解決方法　109

プライベートアドレス　110

プライベートアドレスを使う範囲が重要　112

プライベートアドレスの範囲の取り決め　113

Windows で使われる自動設定は？　114

4.5　**プライベートアドレスの活用**

———そうはいっても、内線番号だけでは使い物にならない　115

グローバルアドレス　115

NAT　117

NAT への返信　118

NAT の弱点　121

アドレス節約の制限　122

IP マスカレード　123

違うノードには違うポート番号　124

アドレス変換はセキュリティ向上にも役立つ　126

第5章　映画館のもぎりでセキュリティを知る
ファイアウォールのしくみ

5.1　**フィルタリング**

———出入りするものを、ふるいにかける　130

入って欲しくない人もいる　130

選択的に接続する　132

5.2　**ファイアウォール**

　　　——電気通信の門番は、なぜか防火壁と呼ばれる　133

　　　アウトバウンドトラフィックとインバウンドトラフィック　133

　　　通信制御のルールを作る　134

5.3　**トラフィック制御の仕方**
　　　——何を使って、「怪しい通信」を見分ける？　135

　　　基本は IP アドレス　135

　　　ポート番号を併用するトランスポート型　137

　　　あらゆる情報をチェックするアプリケーション型　140

5.4　**ウイルス対策ソフト**
　　　——データを横取り、中身をチェック　143

　　　ウイルスのパターンを登録　143

　　　データを検査する方法　144

5.5　**DMZ**
　　　——守りたいけど、公開もしたい。悩ましいサーバ向けの居場所　146

　　　悩ましい公開サーバ　146

　　　ファイアウォールの内側と外側では　147

　　　第三のゾーンを置く　149

第6章　ドメイン名を IP アドレスに変えてくれる
DNS と DCHP

6.1　**DNS**
　　　——インターネットにもあだ名がある　154

　　　名前解決　154

　　　ドメイン名を IP アドレスになおすデータがいる　156

　　　DNS サーバを用意する　157

　　　うまく通信を分散させることもできる　159

6.2　**DCHP**
　　　——住所管理の達人　162

　　　IP 関連の設定を自動配布する　162

　　　IP アドレスの節約にも有効　166

6.3　**ゲートウェイ**

──キャリアメールからインターネットにメールを送れるわけは？ 167

異なるプロトコル同士の通信は？ 167

糸電話ものろしもインターネットにつながる 170

第7章 どこでも線が激減中
無線 LAN と Wi-Fi

7.1 無線 LAN

──なんでも線をなくすのが、大きな潮流 174

無線 LAN 174

Wi-Fi 176

インフラストラクチャモードとアドホックモード 177

ESSID 178

7.2 CSMA/CA

──遅く感じるそのわけは？ 181

CSMA/CA 181

通信速度の見積もりで気をつけること 184

7.3 無線 LAN のセキュリティ

──ダダ漏れ電波をどう守る？ 186

無線 LAN のセキュリティ 186

WEP と WPA 188

パーソナルモードとエンタープライズモード 188

IEEE802.1X 190

データオフロード 190

第8章 通信はついに雲の中へ
クラウドのしくみ

8.1 クラウドはどこにあるのか

──どこにでもある気がするし、どこにもない気もする 196

オンプレミス 196

クライアント／サーバ 197

　　　ハウジングとホスティング　199

　　　仮想化　201

　　　クラウド　203

8.2　**クラウドの分類**

　　　──分けることは、分かること　207

　　　コンピュータの構造　207

　　　IaaS、PaaS、SaaS　210

　　　パブリッククラウド、プライベートクラウド　214

参考文献　217

索引　219

第 **1** 章

通信の基本は
のろしと糸電話

プロトコルのしくみ

通信は相手が必要なことなので、独り言とは
違って、自分と相手の間に共通認識がないとう
まく伝えたいことが伝わりません。これはコン
ピュータを使った通信でも、のろしを上げる通
信でもいっしょです。この章では、どんなふう
に共通認識を作ったらいいのかや、自分と相手
をつなぐ伝送路にはどんな作り方があるのかを
見ていきましょう。知っている用語もたくさん
出てくるはずです。

ネットワークを理解するには

　インターネットやネットワークのしくみを知ろうとすると、ともすれば難しそうな印象を抱きがちです。でも、大丈夫です。最先端のネットワークといえども、根っこの部分は糸電話や郵便、のろしや伝書鳩と同じようなしかけで動いています。糸電話や郵便のしくみが理解できる人であれば、必ずインターネットにつながるしくみも理解することができます。

　それでは、ネットワークや通信のことを理解するのに一番重要なものをあげるとしたら何でしょうか？　パソコン、スマートフォン、タブレット……そういった通信機器のことを調べればネットワークのことが理解できるでしょうか？

両者が同じ認識を持つことが必須

　実はコンピュータ同士のネットワークに限らず、およそ「通信」と名のつくものすべてにおいて必須の事柄があります。それは、通信の**送り手**と**受け手**が同じ認識を持って通信に臨むことです。

　図1.1の例では、敵が攻めてきたので危険を知らせようとのろしをあげています。しかし、それを見た人は煙があがっているので山火事だと勘違

図1.1　共通認識が大事

いしてしまいました。

　同じようなことはさまざまな状況で起こりえます。伝書鳩を飛ばしても打ち落とされて食べられてしまうかもしれませんし、手旗信号は事前にそういうものがあることを知らなければ変な踊りだと思って引いてしまいます。これらの場合は、そもそも受け手が「通信」であることにすら気がついていません。通信は「コミュニケーション」とも訳される語ですから、お互いに共通認識を持つことがとても重要なのです。

通信であることが分かっても意味が分からない

　では、受け手に通信であることさえ伝わればよいのでしょうか。英語が分からない人に英語で話しかけたら、受け手は「あぁ、今話しかけられているな」ということは理解できても、話の内容は分かりません。あるいは誰に話しているのか分からないケースなどもあり得ます。

　このように、通信をきちんと成立させるためには、「そもそもこれが通信であること」、「どんな言葉で喋ろうとしているのか」、「誰にあてて話していて、返事はどこに欲しいのか」といった事柄をきちんと伝えなければいけません。

　人間同士が話をするのであれば、その場のアドリブでいろいろ対処することもできます。しかし、コンピュータは柔軟な判断ができるほどクレバーではありません。言葉が通じなければジェスチャーでなんとかしてしまおう、なんていう知恵は人間に特有のものです。コンピュータに通信を行わせるためには、ものすごくきちんと通信の手順を事前に決めておく必要があります。この手順のことを**通信規約（プロトコル）**といいます。

　図1.2 は「電話をかける」という行為を簡単なプロトコルにまとめてみたものです。いろいろな分岐があって、網羅しようと思うとかなりの量になります。もちろん、「電話を受ける」場合のプロトコルも必要ですし、「電話料金を払う」というプロトコルもなければいずれ通信ができなくなってしまいます。このように、通信の世界はプロトコルだらけで成り立っています。通信の学習をするということは、プロトコルを学ぶということだといっても過言ではありません。

　先ほど、人間には知的な能力があるのでプロトコルを意識せずにコミュニケーションできる、と書きましたが、コミュニケーションに十分に慣れ

図1.2 「電話をかける」プロトコル

ていない段階では、コンピュータと同じようにプロトコルを学習しています。

　「話をするときは、相手の目を見て話しましょう」

　「大きな声で、はっきり挨拶しましょう」

　幼稚園や小学校にこんな張り紙がしてあるのは、園児や児童に会話プロトコルを覚えさせるためです。

プロトコルは星の数ほど

　「通信規約」というと大仰ですが、電話をかけることにもプロトコルが必要なほどですから、通信機器の数だけプロトコルは存在します。電話機を買うとマニュアルがついてきますが、それには「その電話機の使い方」というプロトコルが書いてあるわけです。

　コンピュータ通信が始まったころは、製造メーカの違うコンピュータ同士は通信できないのが当たり前でした。技術が成熟していなかったという理由もありますし、「通信させたければ、同じウチの製品を買ってください」というメーカの戦略も存在していました。

しかし、その状態のままではとても不便でした。メールがしたいから友達のベンダにあわせてコンピュータを買い換える、というのは1人2人ならできるかもしれませんが、世界中と通信するとなれば不可能です。そこで、「世界標準のプロトコル」というものが登場してきました。メーカの枠組みを超えて、国際的に通用する通信規約を作ったわけです。違うメーカの製品でも、これに準拠していればお互いを認識して通信を行うことができるようになりました（**図1.3**）。

　この世界標準のプロトコルとして最も成功しているといえるのが**IP**（**インターネットプロトコル**）です。名前からも分かる通り、今のインターネットの核を作っているプロトコルで、とにかくどこの国のどんなメーカのコンピュータでも、IPのルールに従ってさえいれば、インターネットに接続して通信を行うことができるようになっています。

世界標準のＩＰは、言語でいう共通語として機能する

図1.3　世界標準のプロトコル、IP

1.2 OSI 基本参照モデル
プロトコルの作り方を決めて、使いやすくしよう

プロトコルは小さくしたほうがいい

　もう少し詳しくプロトコルについて見ていきましょう。世界標準のプロトコルがあると便利なことは分かりましたが、それでは「統一プロトコル」のようなものを作ってすべてのプロトコルを1つにまとめてしまうことはできるでしょうか？　1つで済めば、覚えるのも楽ですし、便利そうに思えます。

　しかし、実際には、統一プロトコルを作ってしまうとあとが大変になるのです。

　そもそも世の中にはいろいろな環境が存在しています。**Wi-Fi**でインターネットに接続する人もいれば、光ファイバを使う人もいます。それらを全部ひっくるめたプロトコルを作るのは事実上不可能ですし、仮に作れたとしても、変更があったときには統一プロトコルそのものを作り替えなくてはなりません。変更自体は一部でも、他の部分に悪影響を及ぼすかもしれず、チェック作業なども含めるととても面倒な手間が発生します。

　それに対して、1つのプロトコルが定める範囲を小さくまとめておけば、変化に対して柔軟に対応していくことができます（**図1.4**）。また、最初か

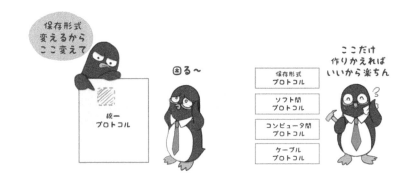

　　　統一プロトコル　　　　　　　細分化したプロトコル

図1.4　統一プロトコルの苦労

ら別のプロトコルとして設計されていれば、あるプロトコルに変更を加えたときに、他のプロトコルに与える影響についても最小限に留めることが可能になります。

プロトコルには上下関係がある

また、次に重要になってくるのが、プロトコル間の上下関係です。プロトコルには依存関係があるのです。「プロトコル A が動くためには、プロトコル B がすでに動いていることが前提だ」というものです（**図 1.5**）。

たとえば、「メールをやり取りするためのプロトコル」を作ったとしても、それがきちんと動くためには、「コンピュータ間でうまくデータをやり取りするためのプロトコル」がすでに確立していることが前提になります。

このうち、より基本的でどのような場合でも動いているべきプロトコルを**下のほう**、あると便利だが汎用性の低いプロトコルを**上のほう**と表現します。どのくらいの数の層に分けるかは任意ですが、世界的には「7 つくらいがいいのではないか」といわれています。この 7 階層を取り決めているのが **OSI 基本参照モデル**です（**図 1.6**）。

OSI 基本参照モデルでは、アプリケーション層（一番上）から物理層（一番下）まで 7 つにプロトコルの階層を分けます。覚えにくければ、より

図 1.5 糸電話のプロトコル

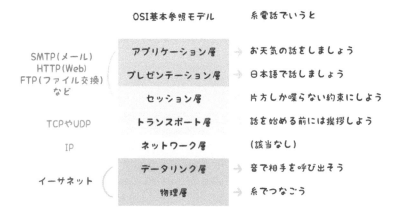

図1.6　OSI基本参照モデル

人間に近い機能を司るのが上位層（メールやWebなど）、よりコンピュータっぽい機能を司るのが下位層（ケーブルや電気抵抗など）と理解しておきましょう。

　糸電話であれば、物理層は使う糸の種類についての取り決めです。「しつけ糸よりはたこ糸のほうが望ましい」といった感じです。データリンク層は、**図1.7**のようにつなぎ方を取り決めることになるでしょうか。

　ネットワーク層は残念ながら、我らが糸電話にはありません。糸電話では現状で世界規模の（ネットワークをまたがった）通信はできないからです。

　セッション層では、「誰かが喋っているときは、他の人はだまっていなくちゃいけない」、プレゼンテーション層は、「取りあえず仲間内では日本語でやり取りしよう」といったあたりが糸電話プロトコルになると思います。アプリケーション層だったら、「成績に関する話題は糸電話で話すことにしよう」などの用途に関する取り決めでしょうか。

　図1.6の左側に書いてあるのは先にあげたIPの仲間のプロトコルです。実は、プロトコル間にも人間関係と同じように相性があります。たとえば「音声と電話は相性がいいけど、文字を送るならメールだな」という感じです。第2章で説明するイーサネットやTCPというのはIPと相性のいいプロトコルで、これらをまとめて**TCP/IPプロトコルスイート（プロトコ**

このつなぎ方は大丈夫だけど　　このつなぎ方はだめだよ

データリンク層を紙コップでたとえると

図 1.7　糸電話のつなぎ方

ル群）と呼びます。インターネットを利用するのであれば、プロトコルとして IP を使うのは必須なので、この TCP/IP 群を中心に学んでいくと効率がよいでしょう。

また、プロトコルによっては 2 つ以上の階層をまたいだものもあります。OSI 基本参照モデルはあくまで理論上のモデルであり、完全にそれに即して製品を作ると、実社会ではかえって使いにくくなることもあります。そのための処置だと考えてください。

各階層の特徴

●物理層

物理的にコンピュータ同士を接続する「モノ」について定義する階層です。「モノ」はメタルケーブルかもしれませんし、光ファイバかもしれません。**無線 LAN** もあります。それらについて、「どのくらいの純度の素材を使うか」「どのくらいの電流を流すか」「無線周波数はどの帯域を使うか」という事柄が定められています。

●データリンク層

隣り合ったコンピュータ同士でデータをやり取りする方法を定める階層です。データを送信するときのタイミングの取り方や、間違って 2 台のコンピュータが同時に送信してデータが壊れてしまったときの対処方法など

が決められます。このデータリンク層の機能で直接通信できる範囲のことを**同じネットワーク**といいます。言葉をかえると、**ブロードキャスト**（p. 21）が届く範囲が同じネットワークです。

● ネットワーク層

　違うネットワークにあるコンピュータと通信する方法を定める階層です。突き詰めれば世界中のコンピュータとも通信することが可能になるわけで、「エンド to エンドの通信を行う」という言い方をします。相手が世界中になるので、違うネットワークへの行き方や、重ならない住所の付け方について決められています。言葉をかえると、ネットワーク層で決めているルールは、「ネットワークとネットワークの間」の部分に適用されます。だから**インターネット**（インター＝〜間）というのです。

● トランスポート層

　通信品質について管理するための階層です。ネットワーク層まででですに世界中と通信できるようになっていますが、本当に届いているかどうか、今データを送りつけて相手は迷惑ではないのか、などといったことは考慮されていませんでした。ここでは、そうした「つながった後」の通信に必要な事項を定めています。

● セッション層

　通信の開始から終了までの1区切りをセッションといいますが、これを管理するための階層です。送ろうとしている10のデータのうち、「1〜5までが第1章で、6〜10が第2章だ」などということを相手に通知するやり方が決められています。**全二重通信**（お互いが同時に喋っていい）、**半二重通信**（片方が喋っているとき、片方は黙っている）などの管理もここで行います。

● プレゼンテーション層

　データの形式を定めるための階層です。日本語か英語かという区分けに似ています。画像を送るなら jpeg 形式にしようか、いや png 形式のほうがいいか、などと悩むことがありますが、こうした形式を決めているのが

プレゼンテーション層です。標準的なデータ形式を定めておけば自分で保存したデータを相手のコンピュータでも見てもらうことができるようになります。

●アプリケーション層

　最終的に実現したい機能を定めている階層です。マニアならともかく、ふつうの人はコンピュータ同士がつながっただけでは面白くありません。そのうえで、メールのやり取りができたり Web サイトが見られたりして初めてコミュニケーションが成立します。こうした最終目的を達成するための階層がアプリケーション層で、メールの送受信の方法を決めるプロトコルやファイル交換のやり方を決めるプロトコルなどがあります。

　物理層からトランスポート層までは、いかにしてコンピュータ同士をつなぐか、という役割をもったプロトコルが集まっています。それに対して、セッション層からアプリケーション層は、つながったネットワーク上でどんなやり取りをするのか、を取り決めたプロトコル群です。前者を下位層、後者を上位層ということがあります。下位層がより基本的なプロトコル、上位層はより人間の感覚に近いプロトコルというわけですが、本書は主に下位層の「いかにつながるか」に焦点をあてて説明しています。

　糸電話プロトコル群を OSI 基本参照モデルに当てはめると、先ほどの図1.6 の右側のようになります。ネットワーク層が抜けているのは、該当する機能がないためです。糸電話にうまくネットワーク層の機能をはめ込むことができれば、糸電話で国際通信をすることも夢ではありません。

1.3 回線交換と蓄積交換
相手への送り方にも、いろいろある

電話は回線交換

　コンピュータネットワークで実際にデータをやり取りするために使われる伝送路は、私たちが今までの生活で馴染んできた電話網に似ている部分

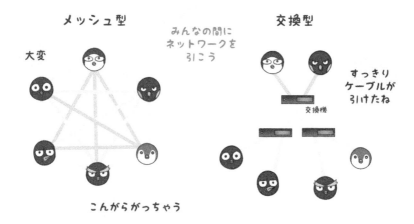

図1.8 メッシュ型と交換型

もありますし、似ていない部分もあります。人は新しいものを理解すると
き、従来知っているものにたとえて自分の中に位置づけますが、コン
ピュータネットワークを完全に電話と同じだと考えていると、思わぬとこ
ろで足をすくわれます。

　電話やインターネットのような大規模ネットワークは、メッシュ型に
ケーブルを引き回すことはまずありません。参加人数が多ければ多いほ
ど、**図**1.8 の左側のようにケーブル数がぼう大になってしまうからです。

　電話やインターネットでは、図1.8 の右側のように交換型のネットワー
クを採用しています。ある人に対して電話をかける場合は、交換機に依頼
して、その人との間に通信路を確立してもらいます（昔はこれを人の手で
やっていて、電話の交換手という職業が存在していました）。

回線交換は回線を占有する

　電話における通信の特徴は、通信時に送話者と受話者の間の回線が占有
されることです。これを**回線交換方式**といいます。送話者と受話者の間で
確立された通信路は 2 人のためだけに用意された専用品で、誰も 2 人の通
話を遮ったり盗聴したりすることはできません。これが「インターネット
に比べて、電話の通信品質が高い」といわれるゆえんです。

　もちろん、通話が終われば回線は解放されますし、交換機と交換機を結

んでいる基幹回線の部分にはたくさんの回線が用意されていますから、通話中に他の人が通信できなくなることはありません。

　いいことずくめにみえる回線交換方式ですが、多くの人が同時に通話する場合はその数の回線を用意しなければなりません。したがって、比較的高コストになります。

回線交換の欠点を補う蓄積交換

　通信の特性にもよりますが、電話のような回線交換方式は無駄な接続時間が多いことが知られています。

　回線交換は、「通話のあいだ回線を2人にだけ貸している」という特性上、接続時間をもとに料金が決められます。通信事業者（キャリアといいます）にとってこれは仕方がありません。たとえ無言のときであっても、回線を貸していることには変わりがないのですから（**図1.9**）。

　したがって、利用者の視点に立てば、接続時間中ひっきりなしに喋り続けているような場合はいいのですが、無言の時間が長く続くような通信ではなんだか損をした気分になります。

　また、「回線」という限られた資源の有効活用という点でも、回線交換には問題があります。無言状態であれば、その回線は他のデータを運搬することもできるのですが、回線交換のルールはそれを許していないからです。つまり、「その回線が本来持っているデータを送る能力」よりずっと少ないデータしか伝送していないことになります。

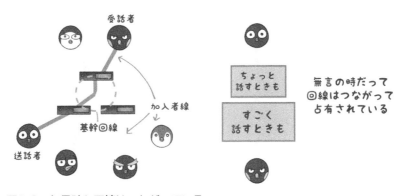

図1.9　無言時も回線はつながっている

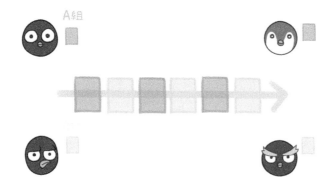

1本の回線で複数組の通信ができる

図1.10　1本の回線を共有する

そこで考えられたのが、「通話していないときは、その回線がもったいないから、他の組の通信も流してしまおう」という方法です。これを**蓄積交換**といいます。流れているデータとデータの間に、うまく別のデータを割り込ませることができれば、とても効率がよさそうに思えます（**図1.10**）。

通信のかたまりをつくる

しかし、こういう方法を採用するためには、いくつかの条件があります。まず、通信と通信の間にすきまがなければなりません。これはデータの送り方の問題です。微量ずつデータが発生し続けているような状況で、そのままデータを送り出していたら他の組が通信を割り込ませることはできません。

そこで、ある一定の量までデータがたまったら、初めて回線に対してデータを流し出してやるようにしています。この一定の量のデータのかたまりを**パケット**（小包の意）と呼びます（**図1.11**）。

あて先情報が必要

また、1本の回線をみんなが共有する蓄積交換では、特有の問題点も発

パケットにまとめて効率よく送信する

図1.11　パケットのしくみ

生してきます。たとえば、パケットごとにあて先情報が必要になります。

　回線交換の場合は、最初に回線を占有してしまうので、あとはその回線に対してデータを流してやれば自動的に受信者に到着します。

　しかし、蓄積交換では途中にある交換機がいろいろなデータを中継しているので、「このパケットは誰あて」という情報がないと、どこにデータを転送していいのか分かりません。そこでパケットには**ヘッダ**と呼ばれるあて先情報が追加されます。ちなみに、ヘッダに対してデータ本体を**ペイロード**といいます。

　電話の場合であれば、電話をかける最初の段階で電話番号を使用して通話相手を特定します。しかし一度電話が成立してしまえば、会話中に「今、ぼくは○○さんに向けて話しています」などと確認する人はいません。

　それに対して郵便の場合は、たとえ同じ人に郵便を出し続ける場合でも、一通一通にあて名を書く必要があります。これを省略することはできません。ネットワークの蓄積交換でも、これが必要になっています（**図1.12**）。

　このように、パケットの送受信にはヘッダが必須です。ヘッダにどんな情報が含まれるのかは、プロトコルによって異なりますが、一般的には相手の住所を示す「あて先アドレス」や、相手に返信してもらう際に必要に

図1.12 回線交換と蓄積交換

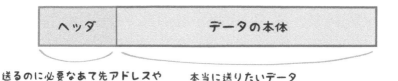

図1.13 パケットのデータ効率

なる「送信元アドレス」などを含んでいます。アドレスはどんな通信でも最優先事項の1つです。第2章で詳しく説明します。

　ヘッダ情報が詳細になるほど、いろいろ便利な機能を付け加えることができますが、むやみに大きくすればいいわけではありません。ヘッダ情報はパケットの一個一個に対して付け加えられますから、通信の全体を通して考えるととても大きな量の情報がやり取りされることになります（**図1.13**）。場合によっては、送りたいデータのサイズをヘッダ情報のサイズが上回ってしまうかもしれません。このような非効率な状態を、**オーバヘッドが大きい**と表現します。

　最近あまり使いませんが、電報は送信する文字数に対して課金されるの

で、なるべく文字が少なくなるように文面を工夫します。すると、本文よりもあて名書きのほうが文字数が多くなるような現象も起こります。

　送りたいものに通信料金を払うのは仕方がありませんが、ヘッダ情報で高くなるのは不経済です。したがって、プロトコルが作成される際にはできるだけ効率的なヘッダの設計が心がけられています。

異機種間接続

　蓄積交換の2つめの特徴に**異機種間接続**をあげることができます。**図1.14** の左側のように、回線交換の場合は、二者間の間に占有の通信路が設定されて、「あとの通話は2人におまかせ」の状態になります。その場合、送話者と受話者はダイレクトに接続されているイメージです。したがって、ネットワークにつなぐ2人の端末（電話網の場合は電話機です）は、使うプロトコルや通信速度などが同じものである必要があります。異なるプロトコルを使っている電話機同士では直接通信することは不可能です。

　しかし、図1.14 の右側のように、蓄積交換の場合は交換機がパケットをいったん取得し、あて先を確かめて中継する、ということを行っています。このとき、送信者と受信者のプロトコルが異なっていたり、通信速度に差が生じたりしている場合でも、交換機がどちらにも対応していれば変換処理をしてうまく通信させてあげることができます。

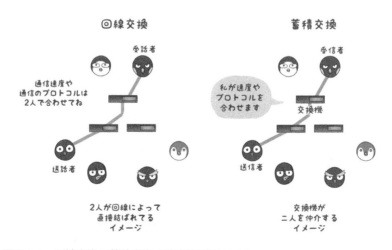

図1.14　回線交換と蓄積交換の速度やプロトコル

これも蓄積交換型のメリットの１つです。インターネットにはパソコンだけでなく、スマートフォンやタブレットも接続できるのはこのためです。

通信を切断せずに経路制御ができる

蓄積交換型の３つめの特徴は、強靭な生命力です。生命力というとちょっと語弊があるかもしれませんが、とにかく最後まで通信を行い続けようとします。

図1.15 の左側は回線交換の模式図です。赤い通信経路で通話中に通信障害が起こってしまいました。もうこのルートは利用できないわけですが、通信を継続させるにはどうすればいいでしょうか？

実は受話者へのルートはもう１つ、別の交換機を経由するものがあります。しかし、回線交換では１つの回線を占有しているときに、通話を中断しないで別の交換機の経路に切り替えることは困難です。

それに対して、蓄積交換ではもともとパケットとしてデータを小分けに中継していますから、図1.5 の右側のように「このルートは駄目になってしまった」、「では次から別ルートで送ればいい」という処理をすることができます。

また、ルートの切替処理のために時間がかかってしまったとしても、もともと「蓄積」交換をしているわけですから、準備ができて回線が開通するまで交換機の中にパケットを蓄積しておくことができます。

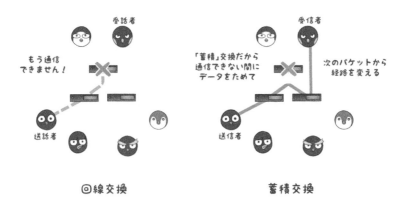

図1.15 蓄積交換は最後まで通信を行おうとする

たとえば、電話では地震や火災などで切れてしまえばそれまでで、かけなおす必要がありますが、郵便の場合は地震で道路が不通になったからといって出しなおす必要はありません。道路が復旧するまで郵便局が保管してくれて、後で配達されます。これによってデータを失うことなく、また送信者に再送などの手間をかけさせずに通信を再開させることができるのです。

耐障害性が高いことも蓄積交換を選択する大きな理由です。

蓄積交換のデメリット

ここまでの説明を読むと、回線交換より蓄積交換のほうが優れているように思えるかもしれません。しかしそれは違います。両者の差は単に通信方式の違いであって、得意な分野と苦手な分野が分かれているだけです。どちらかが優れているという関係ではありません。「便利だからなんでもかんでも蓄積交換」というわけにはいかないことも事実です。

まず、両者の違いとしてあらわれるのは速度差です。回線交換の交換機が回線だけを提供しているのに対して、蓄積交換の交換機はデータを一度蓄積したり、あて先を読み出したり、場合によっては異なるプロトコル同士の通訳を行ったりします。このため、どうしても処理上のタイムラグが生じてしまいます。通信の**即時性**（**リアルタイム性**）が重要な通信では回線交換型のほうに軍配が上がります（**図1.16**）。

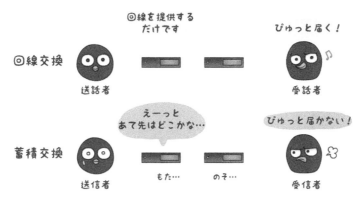

図1.16　速度の違い

また、通信のセキュリティという点でも、回線交換型が有利です。回線交換では送話者と受話者の間に2人のための占有回線が用意されます。これは他の人は使えないため、通信の秘密を守るためには最適です。

　それに対して、蓄積交換には危険がいっぱいです。蓄積交換は回線共有型であるため、他の人が流しているデータを比較的簡単に盗聴することができます。また、蓄積という形で交換機の中にデータが一時保存されるため、これを盗み出される可能性もあります。

　電話を盗聴するのは困難ですが、はがきを盗み見しようと思えば郵便局のひとは簡単にできます。集配局で仕分けをしているときにたまたま見えてしまうかもしれませんし、郵便配達の人だって読もうと思えばいつでもはがきの内容を読むことができます。もちろん、郵便局の人はそんなことはしませんが、そういうことが可能なしくみになっているわけです。

1.4 コネクション型通信とコネクションレス型通信
ノックをするか、いきなり入るか

通信では相手の事情も大切

　もう少し通信の種類についての基本を押さえていきましょう。ここで学習するのは**コネクション型通信**と**コネクションレス型通信**です。たとえば、糸電話や電話は相手が出てくれないと通信が始められないので、コネクション型の通信に分類されます。一方、郵便や伝書鳩は相手の事情などお構いなしに配送されてくるので、コネクションレス型の通信に分類されます。これも通信の基本的な性質の1つです。コンピュータネットワークはどちらの方式も使うことができますが、ネットワークを利用する際には、自分が行う通信スタイルにはどちらがあっているかを判断しなくてはなりません。

いきなり送りつけるコネクションレス型通信

　「さあ！　通信を始めよう！」と思っても、すぐに相手とコミュニケーションできるほど簡単なものではありません。同じクラスの憧れの人に電話をかけようとしても、相手が出てくれるかどうか分からないようなもの

です。電話はコネクション型の通信ですから、相手の了解がないと通信が始められません。知らない人からの電話には出ない方針の人だったらそれまでです。

しかし、コネクションレス型通信の郵便では、こうした心配は無用です。郵便屋さんが必ず相手の家のポストに郵便を届けてくれますから、思いの丈をぶちまけたお手紙を投函すれば、取りあえず家まではちゃんとメッセージが配送されます。ただし、受け取った後に彼女がその手紙を捨てている可能性があるので、読んでもらえたかどうかは分かりません。

このように「相手はちゃんとこちらの通信を受け取ってくれるだろうか?」、「旅行中で受け取れないなんてことはないだろうか?」といった確認手順を省いたやり方がコネクションレス型通信です。

コネクションレス型通信はとにかく簡単に始められるのが特徴です。いろいろな確認手順がありませんから、ヘッダ情報も小さく済みます。また、それにまつわる処理(オーバヘッド)にも時間がかかりません。先ほど述べたように相手に本当に届いたかどうかは確認できないので、重要な通信には使いにくいですが、動画のリアルタイム配信など、速度が要求される場合や他の手段で通信成功の確認が取れる場合はとても便利です。また、**ブロードキャスト**(**同報通信**)ができるのも大きな特徴です。ブロードキャストとは、「この部屋にいる人全員に送信したい」という場合に、「この部屋」に何人いるかは分からないけど、取りあえず大声を張り上げて全員に聞かせるような通信方法です。

送達確認で信頼性をあげるコネクション型通信

一方、コネクション型通信は、通信のたびに相手にちゃんと届いているか確認を取ります。「相手に着信を確認してもらう」というステップを踏まなくてはならないのです。そのためには部屋に人が何人いて、それぞれどんなアドレスで、ということを知っている必要があるため、コネクション型通信ではブロードキャストはできません。

ブロードキャスト通信ができない、通信に時間がかかる、という欠点も抱えたコネクション型通信ですが、実務にはよく使われています。やはり、「信頼性のある通信」は魅力だからです。

電話による会話で好感を持たれる人というのは、よいタイミングで合いの手を入れています。これは話をしている人にとってみれば、「ちゃんと理解してもらえている」、「注意して聞いてくれている」ということを意味するからです。

　コネクション型通信も同じような手順で通信の信頼性を高めます。通信に先立っては、「相手のコンピュータに電源は入っているか」などを調べ、通信中には「今ここまで届いているよ！」と合いの手を入れ、通信が終了すればその旨を伝えます。

　このやり方は通信の信頼性を大幅に引き上げます。ただし、お互いに対話をしているイメージになるため、一方的に送りたいだけ送りつけるコネクションレス型通信に比べて、通信全体にかかる時間は大きくなります。

1.5　LAN と WAN
小さいか大きいか、だけでもないらしい

大きさが目安になる

　通信の種類にはさらに LAN と WAN があります。最近ではこれらの区分けが曖昧になっているという指摘もありますが、最低限の知識については覚えておくとよいでしょう。**LAN（ローカルエリアネットワーク）**、**WAN（ワイドエリアネットワーク）**ですから、「大きさの目安なのかなあ」と思えます。実際、だいたいそれで間違っていません。**MAN（メトロポリタンエリアネットワーク）**も含めて 3 段階に分けることがあります（**図**

家のなかは
LANかな

LAN

大学のネットワークは
MANだってYOメーン～

MAN

都市と都市の間を
結ぶのはWANだね

WAN

図1.17 LAN、MAN、WAN

1.17）。

　また、別の分け方もあります。自分でネットワーク構築を行う場合はむしろこちらのほうが重要だといえるでしょう。すなわち、自分で敷設してよい私的なネットワークが LAN、公共の場所を通るなど勝手に工事してはならず、通信事業者などを介在する必要があるのが WAN です。

　図 1.18 の例でいえば、どう考えても左の会社のほうがネットワークの規模は大きそうです。しかし、会社の中は「私的なネットワーク」ですから（公共物ではありませんから）LAN であるといえます。

　一方で右の例はほんの数メートルのネットワークですが、公道という公共財にネットワークを敷設することになります。これを個人が行うことは認められていません。通信事業者に依頼してネットワークを構築してもらう必要があります。

　ネットワーク技術の変遷は法的な枠組みにも影響を与えます。たとえば、家と家を無線 LAN で結ぶぶんには通信事業者に介在してもらう必要はありません。個人がネットワークを構築してしまって大丈夫です。また、通信事業者になるための条件も、規制緩和の影響を受けて変化してきています。

図 1.18 大きな LAN と小さな WAN

第 2 章

インターネットの住所は、郵便未満電話以上

IP アドレスと MAC アドレス

あて先をどう示すかは、すべての通信にとって大問題です。私たちもふだん人に話しかけるとき、相手の人数や親しさの度合いによって、アイコンタクトですませるのか、あだ名で呼ぶのか、フルネームで呼びかけるのか、複雑な判断（アドレッシング）を行っています。この章では、インターネットの住所とよくいわれる IP アドレスについて学び、その上で同一ネットワーク内の通信がどう行われているのか見ていきましょう。

アドレスの必要性

通信で重要な要素を1つあげるのはとても難しいことです。というのも、1つの構成要素では通信が成立しないためです。前章で説明した「プロトコル」も通信の重要な要素ですが、プロトコルだけでは通信することはできません（**図2.1**）。

たとえば、プロトコルによって通信手順だけが決まっていても、相手の位置を知らなければ通信することは不可能です。また、実際に通信を行うための道具も必要です。まずは相手の位置を特定するための方法について学んでいきましょう。

どのような通信でも、相手を特定する必要があります。それは「僕は今、ペン君に向かって話をしている」という特定の仕方でも構いませんし、「ある行列の先頭に立っている人を対象に話している」といった方法もあります。「この場所にいる全員に向かって話しているんだ」という場合でも、「この場所の全員」というふうに、きちんと対象を特定しています。

図2.2の場合、ペン君以外の人物にも会話の内容は届きます。しかし、「この通信はペン君あてだな」ということを他のみんなが理解して、会話の内容を無視することで対処しているわけです。通信のコントロールが行われているのです。

電話の使い方は
知っています

ぼくも電話の使い方は
知っています

だけど2人は通信できません
・電話機を持ってない
・相手の電話番号が分からない

図2.1 プロトコルだけでは……

図2.2　会話にもアドレスがある

　ある通信が「誰から誰あて」というふうに特定できるためには、話をする人、話を聞く人ともに名前が分かっていなければなりません。この名前のことを通信の世界では**アドレス**と呼びます。アドレスが存在しなければ、その通信が誰から来たものなのか、誰に対して送られているのかまったく分かりません。したがって、アドレスは通信における最重要事項の1つなのです。

アドレスの一意性

　しかし、先ほどのケースでは「ペン君あて」だということは分かっても、「ペン君」を特定できないことがあります。

　たとえば**図2.3**のように、集団の中に「ペン君」が複数存在する場合です。送信者は、受信者として「ペン君」をアドレス指定しているわけですが、ペン君はたくさんいるため、受信者の立場としては自分あての通信なのか、別のペン君あての通信なのか特定できないのです。

　こうした事象が発生すると、受信者が特定できないため、きちんとした通信が成立しなくなってしまいます。したがって、アドレスを指定したときに、「そのアドレスに対応する人は1人だけ」という関係を作っておくことは非常に重要です。これを**アドレスの一意性**と呼びます。

図2.3 「ペン君」が特定できないケース

図2.4 番号でアドレスをきめる

　アドレスが一意に定まらないとうまく通信できない、という事実は人間は経験としてよく知っています。ですから、同じ名字の人をあだ名で呼び合ったり、もう少し人数が増えてくるとフルネームで呼び合ったりして一意性を確保します。さらに大人数の場合は、**図2.4**のように番号をつけるなどの方法があります。

コンピュータによる通信の場合も同じような考え方でアドレスの一意性
を確保します。

IP アドレスは世界中で1つ

人間が会話の中で、ある人のことを時には「田中さん」と呼んだり、「部
長」と呼んだり、あるいは「108番さん」と呼んだりするように、アドレ
スはTPOに応じて最適なものが使用される必要があります。

これはコンピュータの世界でも同じです。そして、コンピュータによる
通信を行う場合のアドレスは決して1つではなく、いろいろなバリエー
ションに満ちています（**図2.5**）。

読者のみなさんの中には、パソコンに愛称を設定している方もいるかも
しれませんし（これも立派なアドレスです）、Webページなどでおなじみ
のドメイン名やメールアドレスも持っていることでしょう。メールアドレ
スなどは、1つのパソコンに複数登録されている可能性もあります。

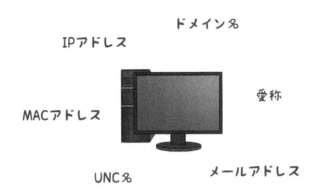

図2.5 TPOにあわせたアドレス

このように多くのアドレスがコンピュータ通信にも存在するわけですが、その中で最も重要視されるのは **IP アドレス**です。その理由は世界レベルの一意性と処理のしやすさにあります。

IP アドレスは世界中と通信することを念頭において設計されたアドレス体系で、OSI 基本参照モデルでいうと、ネットワーク層に属します。したがって、全世界のコンピュータに一意なアドレスを提供できなくてはなりません。

実際には、IP アドレス以外にもコンピュータのアドレス体系はあります。たとえば **UNC**（**Uniform Naming Convention**：**汎用命名規則**）はコンピュータやそこに存在する周辺機器ファイルに名前をつけることができる Windows 標準の名前規則です。Windows インストール時に設定します。ユーザフレンドリーな名前にするために、英数字で好きなパソコン名をつけられるようになっています。UNC はコントロールパネルの「システム」アイコンから確認することができます。**図 2.6** のコンピュータには LAPTOP-1QEEOQR8 という名前がついています。

ただ、これは分かりやすい反面、名前のつけ方に特に定まったルールがないので、ネットワークが大きくなったり、他の組織のネットワークと相互に接続する場合などに、名前の重複が生じてしまいます。そのため、大規模なネットワークを構築するアドレスとしては向いていません。

一方の IP アドレスはアドレスの管理団体も含めて国際的に規約化されています。ユーザが勝手なアドレスをつけるわけにはいかないので、UNC より運用は面倒になりますが、アドレスの一意性が保証され、異なる組織との通信も問題なく行うことができます。

ちなみに、IP アドレスを使用するためには、これを取得する必要があります。IP アドレスは **ICANN** という NPO が総元締めになって管理していますが（ICANN のもとで日本国内の IP アドレスを管理している組織を **JPNIC** といいます）、一般のユーザが直接 ICANN に利用申請を行うことはありません。通常はインターネット接続を行う際に利用しているインターネット接続事業者（**ISP**：**インターネットサービスプロバイダ**。IIJ や So-net など）が一括して取得している IP アドレスを貸してもらうことで、インターネットに接続しています。自分専用の IP アドレスが欲しい場合は、IP アドレス管理指定事業者と呼ばれる JPNIC の下部組織に申請して、

図2.6 Windows マシンのコンピュータ名

利用料を払うことで IP アドレスを使えるようになります。

コンピュータに最適化したアドレス

IP アドレスのもう1つの長所は、コンピュータが処理するのにとても適したアドレスだということです。世界中を結ぶには、通信の途中でいくつものコンピュータを中継する必要があります。これを効率よく行うためには、コンピュータが扱いやすいアドレスであることが必須条件です。

単にアドレスの一意性を保証するだけならば、郵便の住所のようなものを考えることもできます。住所は日本、東京都といった大きなグループから細分化され、やがて自分の住む小さな地域に至ります。こうした名前のつけ方（**アドレッシング**）をしておけば、アドレスが重複することはなくなります。たとえば、町屋という地名が2つでてきても、それが東京都の町屋なのか、湘南の町屋なのかというふうに判別することが可能です。

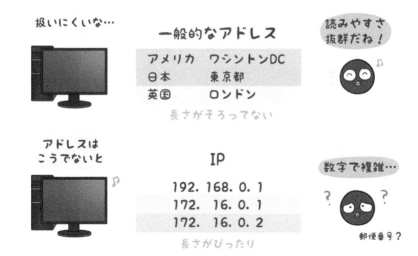

図2.7 IPはコンピュータに適したアドレス

　さらにアドレスが足りなくなった場合の処理も簡単です。人口過密など
でそれまでの住所表記では表し切れなくなったとしても、町名の末尾に新
しい地区名をプラスしたり、番地を際限なく多くしたりすることで、およ
そ住所が足りなくなるということはありえません。

　しかし、これはコンピュータにとっては処理しにくいアドレス形態で
す。長さが一定しませんし、どこまでが市区町村名でどこからが地区名な
のかという判断もコンピュータは苦手としています。その点、IP アドレス
はあらかじめ定められた桁数の数字だけでアドレスを表現することになっ
ているため、コンピュータにとってはぴったりの形式だといえます（**図
2.7**）。

2.3　ネットワークアドレスとホストアドレス
部屋の名前か、人の名前か

アドレスを階層化する知恵

　コンピュータネットワークの特徴に、あまりネットワークを大きくでき
ない、という点があります。人間同士の会話でも、たくさんの人が参加し

ていると収拾がつかなくなります。インターネットというのは、一見大きなネットワークのように見えますが、実は小さなネットワークがルータという通信機器で接続された集合体なのです。このようなネットワークに対して、どういう手法でアドレスをつけているのでしょうか。

　アドレスを考えるときに、郵便の住所はとても参考になります。長年の蓄積により、配送がしやすいように最適化され続けてきたからでしょう。アドレスの長さの問題など、コンピュータには処理しにくい側面もありますが、役に立つ考え方も非常に多く内包しています。

　その1つが**アドレス階層化**の考えです。階層化されていないアドレスの場合は、受信する可能性のあるすべての人のなかから受信者を捜し出さなくてはなりません。階層化されたアドレスはこの手間を少なくしてくれます（**図2.8**）。

　郵便の住所はこの考え方が徹底しています。東京都から神奈川県に行く郵便物で北海道の郵便局の手を煩わせることはありません。大きなネットワークを運用するためには、こうした考え方がとても重要になります。

　世界規模の通信を意識したIPアドレスは当然、このアドレス階層化の概念を導入しています。ただし、郵便の住所のように多階層化されているわけではなく、2段階の階層に分けています。多階層化すればより利便性が増す可能性がありますが、同時に処理負荷も大きくなるので、現状では妥当な分け方だといえるでしょう。

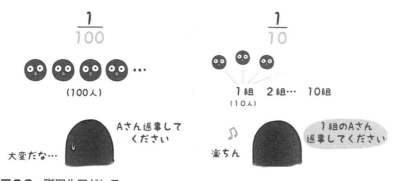

図2.8 階層化アドレス

PCはこれを見て
処理している

IPアドレス　　　　11000000 10101000 00000000 00000001

‖

人間向けのアドレス表記　　　　192. 168. 0. 1

2進数では
間違えやすいので
変換している

図2.9　IPアドレスの実体

　次にIPアドレスの実体を見ていきましょう（**図2.9**）。IPアドレスは32桁の2進数で表現されます。この32桁という桁数はあらかじめ決まっています。コンピュータはそれを前提として処理をするので余計な負荷がなく高速に扱えるのです。もしアドレスの長さが未定であれば、まずアドレスが何桁かを判断しなければならず、処理が複雑になります。

　もっともこれには、アドレスの全体数を決めてしまうという弊害もあります。2進数32桁で表せる数のバリエーションは43億個弱になります。これ以上のアドレスが必要になっても新しいアドレスは作れません。最初に設計された当時は、これで大丈夫だと思われていたわけですが、今では大きな問題になっています。

　また、2進数表記はコンピュータには理解しやすいのですが、それを扱う人間にとっては分かりにくいものであるため、人間に向けた表記をする場合は8桁ごとに4つのブロックに区切って10進数で表すのが一般的です。コンピュータは2進数のアドレスをそのまま扱いますが、人間が読みやすいように変換するわけです。

ネットワークアドレスとホストアドレスで2段階化

　この32桁のアドレスをそのまま扱うと、ある通信の受信者の候補は43億台近くにものぼってしまいます。そこでアドレスを2つの階層に分けているわけですが、コンピュータが属しているグループを表す階層のことを**ネットワークアドレス**、コンピュータそのものを表す階層のことを**ホスト**

アドレスと呼びます。

　ネットワークアドレスは、ネットワーク自体に対してつけられるアドレスであり、ホストアドレスはパソコンなど受信者になりうるものにつけられるアドレスです。ここで、このようなコンピュータや通信機器など、ネットワーク上に存在して、ネットワークを構成している要素のことを**ノード**、もしくは**ホスト**と呼びます。両者はほぼ同じ意味で使われますが、IPアドレスを持つものをホスト、持つものも持たないものもひっくるめてノードと区別することもあります。

　この2段階にアドレスを分離することで、他のネットワークに余分な通信を流さずにすむのです（**図2.10**）。

　アドレスが階層化されていない場合は、受信者になる可能性のあるノードすべてに通信を送り、受信ノード側がアドレスを見て通信を廃棄する、という手順を取ります。階層化されている場合でも、192.168.0というアドレスのネットワークの中では同じことが起こりますが、煩わされるノードの数は劇的に減らすことができます。

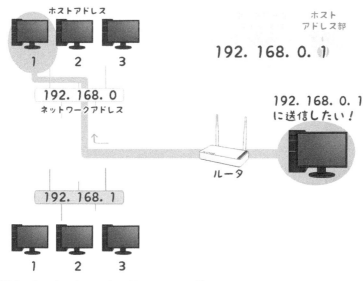

図2.10　ネットワークアドレスによる特定

切れ目は自分で選べる

IPアドレスの中身を2階層に分けるメリットが分かりました。現在では**サブネットマスク（可変長サブネットマスク）**を導入することで、さらにIPアドレスを使いやすいものにしています。これは階層を区切る場所を任意に選べるようにする技術です。

先に述べたように、IPアドレスの桁数は32桁で固定されていますから、そのうちどこまでをネットワークアドレスとするかで、そのネットワークのサイズが決まります。

本来ネットワークアドレスとホストアドレスの区切れ目は、キリのいいところで8桁ごとに設定することになっています。左から8桁がネットワークアドレス、残りの24桁がホストアドレスのものをクラスA、以下、ネットワークアドレスが16桁のものがクラスB、24桁ならクラスCといいます（**図2.11**）。たとえば、電話番号でも、東京のように人口の多い地域では、03(xxxx)yyyyのようにできるだけ市外局番の桁数を少なめにして03というグループの中にたくさんの電話を収容できるようにしています。一方で、人口の少ない地域では、xxxx(yy)zzzzのように、市外局番を表す桁数を大きくして、番号に無駄が生じないようにしています。IPアドレスのクラス分けも似たような発想です。あるアドレスがどのクラスかということは、IPアドレスの先頭の数値を見ることで分かるようになっています。

一見、クラスAが便利だと思えますが、小さな会社にクラスAのネットワークアドレスを付与したとして、1678万近くもあるホストアドレスを使い切るとは考えられません。IPアドレスが枯渇状況にある今、アドレスの無駄は極力抑えたいところです。

そこで登場してきたのが、クラスにかかわらずネットワークアドレスを区切るサブネットマスクです。クラス別アドレスの場合は、最も小さいネットワーク単位のクラスCを使ってもホストアドレスを254個持つことになり、最大で253個のアドレスの無駄が発生することになります。しか

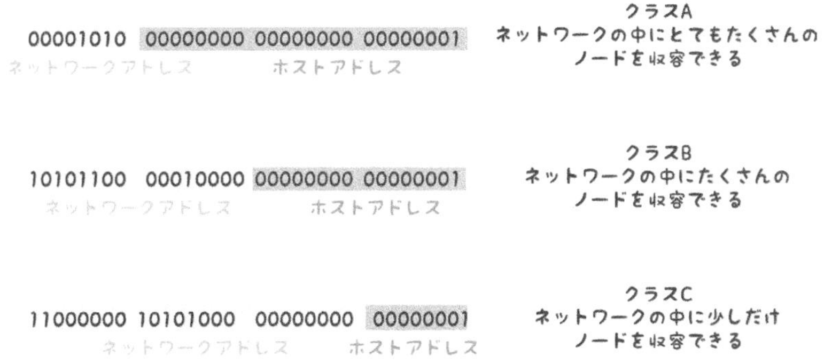

```
00001010  00000000 00000000 00000001
```
ネットワークアドレス   ホストアドレス

クラスA
ネットワークの中にとてもたくさんの
ノードを収容できる

```
10101100  00010000 00000000 00000001
```
ネットワークアドレス   ホストアドレス

クラスB
ネットワークの中にたくさんの
ノードを収容できる

```
11000000 10101000  00000000 00000001
```
ネットワークアドレス   ホストアドレス

クラスC
ネットワークの中に少しだけ
ノードを収容できる

図2.11　ネットワークのクラス

し、ネットワークアドレスを何桁目で区切ってもよければ（ネットワーク
をもっと小さい単位にできれば）、これを最小限にすることができます。

　たとえば、会社にパソコンが30台しかない場合、クラスCのネットワー
クアドレスを取得すると、224個のIPアドレスが無駄になります。しか
し、サブネットマスクを使ってネットワークアドレスを27桁目で区切れ
ば、ぴったり30台分のIPアドレスが配布されたことになり、アドレスの
無駄が抑制できます。これはアドレスの管理団体はもちろん、アドレスを
もらい受ける側の企業や個人にとっても、アドレス取得費用の低減などの
点で効果があります。

サブネットマスクの表し方

　ただし、サブネットマスクを使う場合は注意が必要です。クラスAなど
のクラス別アドレスと異なり、アドレスの中にネットワークアドレスが何
桁かを見分ける情報が存在しないため、別途それを表記してやらなくては
なりません。

　電話番号の場合であれば、03(xxxx)yyyy のように、( ) やハイフンを
使って市外局番と市内局番、加入者番号を区別していました。IPアドレス
の場合にその役割を果たすのがサブネットマスクです。

　サブネットマスクはIPアドレスと同じ32桁の2進数になっています。
使い方は簡単で、ネットワークアドレスに該当する部分を1、ホストアド
レスに該当する部分を0とします。IPアドレスと重ねて見たときに、1の

部分がネットワークアドレスです。また、IPアドレス同様、2進数32桁表記は人間にとって読みにくいので、8桁ごとに10進数化して書き下すのが一般的です。

　たとえば、クラスAであれば最初の11111111に相当するのが255、後の24桁の0に相当するのが0.0.0となり、255.0.0.0となります。同様に、クラスBは255.255.0.0、クラスCは255.255.255.0というサブネットマスクになります（**図2.12**）。クラスレスアドレスとして運用する場合は、ネットワークアドレスの区切れ目が8桁目ごとにはこないので、255（すべて1）や0（すべて0）以外の値を取ります。

　先ほどのように27桁目でアドレスを区切るのであれば、最後の8桁が11100000で、10進数の224に相当するので、255.255.255.224というサブネットマスクになります。しかしこの計算は意外に煩わしいですし、一見して何桁になるのかも分かりにくいので、192.168.0.1/27のように、IPアドレスの後ろにネットワークアドレスの桁数を追記して表すこともあります。

　サブネットマスクの情報はアドレスそのものの意味を変えてしまうため、とても重要です。現在では、IPアドレスとサブネットマスクは切っても切り離せないものになっており、ほとんどのOS（コンピュータを動かすための最も基本的なソフト：WindowsやLinux、MacOSなどが有名）では両者をペアで設定しないと通信が機能しないようになっています（**図2.13**）。これはサブネットマスクによって、OSによる周囲のネットワーク認識がまったく異なってしまうためです。

　サブネットマスクを使って、最初の2進数8桁をネットワークアドレスとして指定した場合、途中で通信を中継するルータ（ネットワークとネットワークをつなぐ通信機器。インターネットは、無数の小さなネットワークがルータによって接続されたネットワークの集合体といえる）にとって

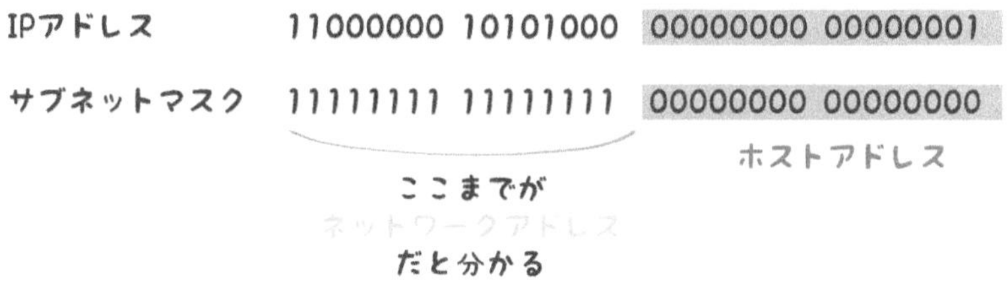

IPアドレス　　　　11000000 10101000　00000000 00000001

サブネットマスク　11111111 11111111　00000000 00000000

ここまでが
ネットワークアドレス
だと分かる

ホストアドレス

図2.12　サブネットマスク

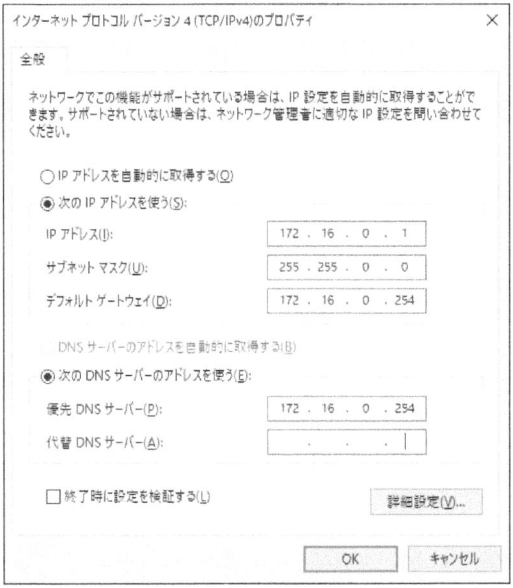

図2.13 WindowsのIPアドレス設定画面

は、**図2.14**のネットワークのネットワークアドレスは「172」、下のネットワークアドレスも「172」ということになり、同じネットワークであるという判断を下します。すると「172.16.0.1」というアドレスはどちらにも存在する可能性があるので、両者に通信を転送することになります。

　一方でサブネットマスクによって最初の2進数16桁をネットワークアドレスとして指定した場合はどうでしょう（**図2.15**）。先ほどとまったく同じネットワーク構成であっても、通信の動作は変わってきます。この場合、ルータは「172.16」と「172.17」を見てあて先を判断します。送りたいのは172.16.0.1ですから、上のネットワークに存在していることが特定でき、下のネットワークへの無駄な通信を抑制できました。

　このように、「どこでネットワークを区切るか」ということはネットワークの混雑度や通信機器にかける負荷を変える可能性があるので、ネットワークを構築する場合には周到な計画が必要です。

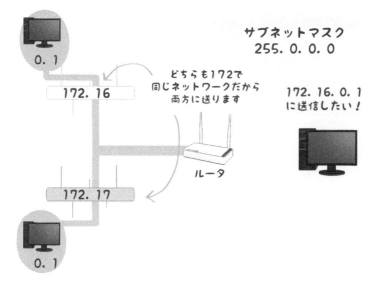

図2.14 ネットワークアドレスが8桁

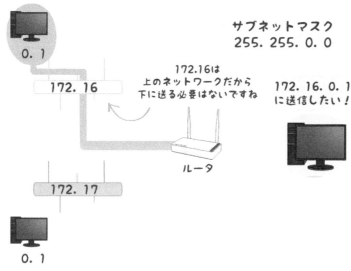

図2.15 ネットワークアドレスが16桁

IP アドレス以前のネットワークの状態

部屋の中だけなら、これでもいい

MAC アドレス

　IP アドレスの基本が分かってきたので、実際のネットワークをシミュレーションしながらさらに理解を深めてみましょう。

　もっともシンプルな例として、コンピュータが2台あれば、ケーブルをつないで互いに通信することが可能です。これも立派なネットワークです。ただし、2台だけだと少しシンプルすぎて、問題点を洗い出せないので、**図2.16** のように4台のコンピュータをつなぐ通信を考えてみましょう。

　通信する場合、まず4台のコンピュータをケーブルで接続する必要があります。コミュニケーションを成立させる場合、下のほうのプロトコルから構築していかなければならないことを思い出してください。ケーブルは、OSI 基本参照モデルの最下層である物理層に属しています。

　ケーブルの電気的な特性や接続口の形状、最大通信速度なども規格に沿って定めておかないと、互いにケーブルを接続できなかったり、物理的にはつながっているのに互いを認識できないといった不具合が生じます。

172.16.0.1
00-A0-B0-42-05-4F

172.16.0.2
00-0D-0B-09-2B-83

172.16.0.3
00-10-DC-D4-94-97

172.16.0.4
00-0D-02-03-9D-AE

図2.16 イーサネット

本書の目的から離れるので、これらの性質には深く触れませんが、こうした規格には接続方法や通信制御の方式によっていくつかの種類があり、現在圧倒的な普及率を誇っているのが**イーサネット**と呼ばれるものだということは覚えておきましょう。ここでもイーサネット規格（その中にも通信速度やケーブルの種類などで細かい区分けが存在します）に準拠したケーブルやネットワークインターフェースカード（NIC）を用意します。

　この状態ですでに電気的なやり取りはできるようになっていますが、これだけでは通信の要素が欠けています。コンピュータのアドレスは最初から図2.16のように与えられているわけではありません。それでは誰から誰あての通信か判断できないので、アドレスを割り振ってやる必要があります。

　ここで1つ重要なことがあります。それは、イーサネットが使用するアドレスはネットワーク層に属するIPアドレスとは別物だということです。IPアドレスはあくまで数あるコンピュータのアドレス体系のうちの1つで、イーサネットでは通じないのです。イーサネットで使うアドレスは**MACアドレス**といいます。MACアドレスはデータリンク層に属するプロトコルです。図2.16で、各コンピュータのIPアドレスの下に書かれている「00-A0-B0-42-05-4F」などの文字がMACアドレスです。

　MACアドレスは**物理アドレス**とも呼ばれ、ネットワークインフォメーションカードに製造段階で焼き込まれます。こうすることで、特に設定しなくてもコンピュータを買ってすぐに使い始められることが特徴です。

　MACアドレスはIPアドレスより長い48桁の2進数で構成されます。大変長くなるので、人間向けの表記時には2進数8桁ごとに6つの16進数のブロックに変換するのが一般的です。自分が使っているコンピュータのMACアドレスは（Windowsの場合）**ipconfig /all**というコマンドで確認できます。

　図2.17中のPhysical Address（物理アドレス）という項目がそのコンピュータのMACアドレスを表しています。

MACアドレスは大規模ネットワークには不向き

　MACアドレスもアドレス内で2つの部分に分かれています。48桁中、先頭の24桁がネットワークカードの製造メーカを表す番号で、続く24桁

```
C:\>ipconfig /all

Windows IP Configuration

        Host Name . . . . . . . . . . . . : pluto
        Primary Dns Suffix  . . . . . . . :
        Node Type . . . . . . . . . . . . : Hybrid
        IP Routing Enabled. . . . . . . . : No
        WINS Proxy Enabled. . . . . . . . : No

Ethernet adapter ローカル エリア接続:

        Connection-specific DNS Suffix  . :
        Description . . . . . . . . . . . : Realtek RTL8169/8110 Family Gigabit
Ethernet NIC
        Physical Address. . . . . . . . . : 00-A0-B0-42-05-4F
        Dhcp Enabled. . . . . . . . . . . : No
        IP Address. . . . . . . . . . . . : 172.16.0.1
        Subnet Mask . . . . . . . . . . . : 255.255.0.0
        Default Gateway . . . . . . . . . : 172.16.0.254
        DNS Servers . . . . . . . . . . . : 172.16.0.254

C:\>
```

図2.17 ipconfig/all コマンドによる MAC アドレスの確認

がそのメーカ内でネットワークカードを一意に識別するための識別子です。

　メーカ番号は国際機関によって管理されています。https://uic.jp/mac/などの Web サイトで確認できるので、自分のカードがどのメーカによって製造されたのか確認してみるとよいでしょう。

　これはすなわち、メーカがきちんと自社製造のカードに一意な番号を割り振っていれば、世界レベルで MAC アドレスの一意性が保証されることを意味します。であれば、IP アドレスの代わりに MAC アドレスを使ってもよさそうなものですが、なぜそうならないのでしょうか。

　それは、物理アドレスであって変えることができない、という MAC アドレスの特性に起因しています。難しい設定をしなくてもすぐに使い始められる長所を持つ MAC アドレスですが、逆に自分の所属するネットワーク（ローカルネットワーク）にあわせたカスタマイズができないという短所もあるのです。

　あるパソコンを今所属しているネットワークから別のネットワークに移す場合、IP アドレスは変更が可能ですが、MAC アドレスでは不可能です。これでは、ネットワークアドレスによって通信を制御することができなくなります。そもそも、買ってきた段階でアドレスが設定されている以上、

図2.18 MACアドレスは変更できない

隣どうしのパソコンでさえアドレスはばらばらになりますから、階層化された アドレス処理は最初から不可能です（**図2.18**）。

これでは、小規模なネットワークはともかく、大規模なネットワークでは通信の効率が著しく落ちることになります。人間が局面に応じて名前や出席番号などを使いわけるのと同じです。したがって、インターネットではIPアドレスが使われるわけです。データリンク層のプロトコル（イーサネット）とネットワーク層のプロトコル（IP）がお互いの長所をうまく引き出しあっているのです。

2.6 ARP
住所と名前をつなぐ架け橋

IP アドレスと MAC アドレスを結びつける

自分のパソコンが直接接続されているイーサネットでは MAC アドレスが使われていました。一方で世界規模の通信には IP アドレスが利用されます。しかし、この２つは関連があるはずです。インターネットとは、イーサネットで作られた LAN 同士や、別のテクノロジーで作られた LAN を相互につなぐことで構成されているネットワークだからです。

では、どこで IP アドレスと MAC アドレスが結びつけられているのでしょうか。

```
コマンド プロンプト                                                        _ □ ×
C:¥>ping 172.16.0.2

Pinging 172.16.0.2 with 32 bytes of data:

Reply from 172.16.0.2: bytes=32 time<1ms TTL=64
Reply from 172.16.0.2: bytes=32 time<1ms TTL=64
Reply from 172.16.0.2: bytes=32 time<1ms TTL=64
Reply from 172.16.0.2: bytes=32 time<1ms TTL=64

Ping statistics for 172.16.0.2:
    Packets: Sent = 4, Received = 4, Lost = 0 (0% loss),
Approximate round trip times in milli-seconds:
    Minimum = 0ms, Maximum = 0ms, Average = 0ms

C:¥>_
```

図2.19　pingコマンド

　一台のコンピュータにIPアドレスとMACアドレスが両方与えられてい
るケースで見てみましょう。ユーザは通常、通信を行う場合にMACアド
レスを意識しないので、IPアドレスで通信要求をすることになります。
　ここでは自分のパソコンAを使ってパソコンBと通信してみましょう。
IPを使った通信の実験にはpingというコマンドを使うと便利です。これ
はIPと兄弟分にあたるICMPというプロトコルを使った疎通確認用のコ
マンドで、コンピュータ同士がIPできちんとつながっているか確認する
ものです。IPはコネクションレス型なので、それ自身では確認ができませ
ん。郵便がちゃんと届いたか往復はがきで確かめるような方法です。
　図2.19ではパソコンBのIPアドレスである172.16.0.2を指定してping
を実行しています。pingコマンドは通常4回通信を試みますが、そのすべ
てに返信（Reply）が来ていることが分かります。

　さて、パソコンAに172.16.0.2と通信したいと命令したわけですが、
イーサネットでコンピュータ同士をつなげていますから、通信にはMAC
アドレスを使わなくてはなりません。
　このとき、IPアドレスに対応するMACアドレスを問い合わせるのが
ARPというしくみです。ARPは「分からないのなら本人に聞いてしま
え！」ということで、イーサネットでつながっているすべてのコンピュー
タに通信したいIPアドレスをブロードキャスト（そこにいる全員あてに
通信）し、対応するMACアドレスを返信してもらいます（**図2.20**）。

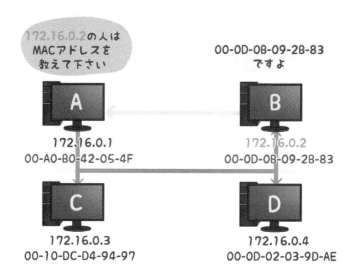

図2.20 ARPによるMACアドレスの問い合わせ

```
コマンド プロンプト                                              _ □ x
C:¥>arp -a

Interface: 172.16.0.1 --- 0x2
  Internet Address      Physical Address      Type
  172.16.0.2            00-0d-0b-09-2b-83      dynamic

C:¥>
```

図2.21 ARPキャッシュ

　この対応関係はパソコン内の **ARPキャッシュ**というデータベースに保存されるので、次回通信する場合はブロードキャストによる問い合わせを省略して他のコンピュータへの負担軽減や時間短縮をすることができます。

　ARPキャッシュにどんなデータが蓄積されているかは、**arp -a コマンド**で調べることができます。**図2.21** のようにIPアドレスとMACアドレスの対応関係がきちんと記録されています。

　IPアドレスは変更される可能性があるので、ARPキャッシュ内のデータは一定時間が経過すると消去されるようになっています。その場合、新たに通信が発生した場合はもう一度ARPブロードキャストを行って、IPアドレスとMACアドレスの対応関係を調べなければなりません。

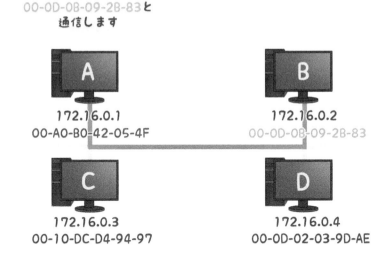

00-0D-0B-09-2B-83と
通信します

A
172.16.0.1
00-A0-B0-42-05-4F

B
172.16.0.2
00-0D-0B-09-2B-83

C
172.16.0.3
00-10-DC-D4-94-97

D
172.16.0.4
00-0D-02-03-9D-AE

図2.22 MACアドレスを使って通信を行う

イーサネット内では MAC アドレスで通信

ARPによってパソコンBのMACアドレスが明らかになったので、パソコンAはこのアドレスを用いて再度通信を試みます（**図2.22**）。

MACアドレスはイーサネットが使うアドレスですから、この段階に至ればパソコンAとパソコンBはダイレクトに通信を行うことが可能です。しかし、ここで注意しなければならないのは、きちんとMACアドレスが分かっている状態でも、やはり関係のないパソコンCやパソコンDにもパソコンAからの通信が流れていってしまっていることです。パソコンCやパソコンDはあて先が自分のものではないので、この通信を破棄しますが、それによって負担があることは否めません。

しかし、これはネットワークの特質上、仕方がないことだといえます。現在の通信では、メタルケーブル（要するに電線です）を使って電流を流すという形でデータ伝送を行うため、電流はケーブルがつながっている限りどこまでも流れていこうとするのです。

CSMA/CD方式

電流の特性により、関係のないノードにも実は通信が流れていることが分かりました。これ自体はやむを得ないのですが、ネットワークが大きくなってくると思わぬ問題を引き起こすこともあります。

図2.23 は糸電話ネットワークがだいぶ発達した形です。糸電話では、「誰かが喋っているときは、他の人はだまっている」のがプロトコルで定められていましたが、このくらいネットワークが混んでくると、うっかりして2、3人が同時に話し出してしまうこともあるでしょう。そのとき、糸を伝ってきた音波は互いにぶつかって壊れてしまいます。このネットワークでうまく通信を行うためには、なんらかの形で通信を制御しなければなりません。

イーサネットは通信方式に **CSMA/CD** という方式を採用しています。これは「早い者勝ちで通信を行おう」という方式です。

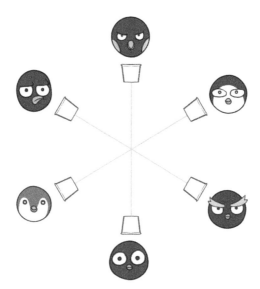

図2.23　発達した糸電話

ケーブルに電流を流して通信を行う以上、2組の通信を同時に行うことはできません。電流同士がぶつかると干渉によりデータが壊れてしまうからです。このため、通信の衝突を回避するいろいろな通信方式が考えられているのですが、CSMA/CD方式はその中でも最もシンプルな方法を採用しています。まず通信にさきだってネットワークの状態を調査するのです。これを **CS（キャリア・センス）** といいます。そこで、ケーブルが使われていなければいきなり通信をスタートしてしまいます。通信の順番を制御したり、タイミングを見計らったりする方式に比べるととても簡単で、装置の値段も安くできます。

　このようにCSMA/CD方式では、今は誰それが発言していいタイミングだ、といった考え方（送信権）がなく、ケーブルが空いていれば先にアクセスしたノードを優先することで、多数のノードを収容（**MA：マルティプル・アクセス**）しています。しかし、厳密な順序制御などを行っていないため、同じタイミングで送信されたデータが**コリジョン（衝突）**して壊れてしまうことがあります。

衝突は事後対応する

　これを検知するのが **CD（コリジョン・ディテクション）** という技術です。衝突したことさえ分かれば、もう一度送り直せば何の問題もないという豪快な考え方です。送りっぱなしではいくら安くても、いい加減な通信方式ということになってしまいますが、きちんと衝突を検知することでイーサネットは安全に通信ができるようになっています（**図2.24**）。

　ただし、再送を行う場合はランダムな待ち時間の後にアクセスすることになっています。すぐに再送したり、固定した待ち時間で再送してしまうと、再衝突が起こる可能性が高いからです。

　ケーブル上を電流が流れるのには（人間の感覚からすると、ごくわずかですが）時間がかかります。また、長い距離を伝送された電流は減衰していきます。あまりケーブル長が長くなるとこうした要因により衝突の検出ができなくなり、通信そのものが成立しなくなってしまいます。イーサネットのケーブルには最大長が定められていますが、それはきちんと衝突の検出を行うためです。

　簡単で便利なCSMA/CD方式ですが、欠点もあります。衝突が前提の設

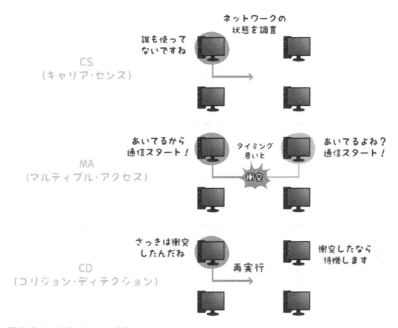

図2.24 CS、MA、CD

計になっているため、ネットワークが混んでくるといくら再送を繰り返し
てもまた衝突してしまうことです。これを**輻輳**と呼びます。イーサネット
ではネットワーク利用率が 30 ％を超えると急激に応答性能が悪化すると
いわれています。それは、1 つのネットワークに接続できるノード数に自
ずと制限があることを意味します。

　そこでイーサネットでは、接続台数が増加した場合に**ブリッジ**と呼ば
る通信機器を途中に入れて、**コリジョンドメイン**（衝突を検知する範囲）
を分割します。
　イーサネットで使う通信中継用の機器には、その他に**リピータ**（ハブ）
がありますが、リピータとブリッジには違いがあります。リピータは単な
る延長コードの役目を果たします。延長コードに差し込み口がたくさんつ
いたテーブルタップのようなものです。リピータにより、減衰した電流を
整形して通信の伝達距離を伸ばすことができますが、他には何も行いませ
ん。したがって、リピータをいくら使ってもネットワークが大きくなるだ

けです。逆に中継を繰り返すことで衝突検知ができなくなってしまうので、1つのコリジョンドメイン内でのリピータの数には制限がかけられています。

ブリッジによる分割

　前述のように、ブリッジはコリジョンドメインを分割します。**図2.25**のようにブリッジでコリジョンを調査する範囲を区切ってしまうことで、衝突する可能性を減らすことができます。ネットワークが大きくなってきたら、ブリッジによって適切なサイズのコリジョンドメインを維持することで、ネットワークの使用効率を維持することができるわけです。

　コリジョンドメインを分割するということは、違うコリジョンドメインには電流を流さないということです。しかし、それでは異なるコリジョンドメインに存在するノードと通信したい場合はどうなるのでしょうか。

　実はブリッジはMACアドレスを見て、その情報で通信のふるまいを決めることができるようになっています。単に電流を整形・増幅するだけのリピータと比べると、とてもインテリジェントな装置といえます。ブリッジはこのMACアドレスで通信をそのコリジョンドメイン内に留めるの

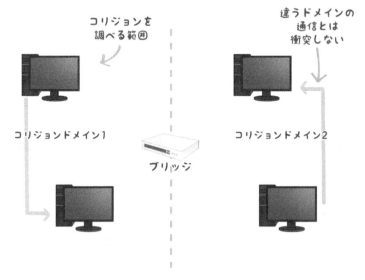

図2.25　ブリッジによる分割

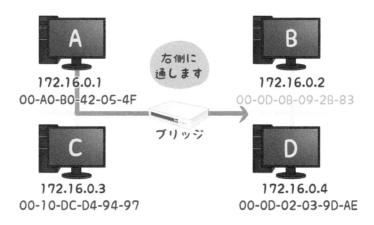

図2.26 ブリッジはMACアドレスで判断する

か、違うドメインにも流してやるのか判断しているのです。

　図2.26の例では、パソコンAがパソコンBに送信を行っています。途中にブリッジがありますが、ブリッジはコリジョンドメインを分割するので、左のドメインから右のドメインへの通信（とその逆の通信）を遮断します。しかし、通信内容を見てみるとあて先MACアドレスがパソコンBを指していることが分かります。パソコンBは右側のドメインに所属しているので、この通信に関しては特別に右側に中継してやるのです。

最初は学習する

　この作業を適切に処理するためには、ブリッジはどのドメインにどんなアドレスのノードがあるか知らなくてはなりません。当然、最初はそんなことは知らないので、学習することになります。

　図2.27では、パソコンAは今度はパソコンCに送信しようとしています。しかし、ブリッジは00-10-DC-D4-94-97がどちら側のドメインにあるか知らないので、右側のドメインにも通信を中継してやります。実際にはパソコンCは左側のドメインにあるので無駄な通信なのですが、最初は

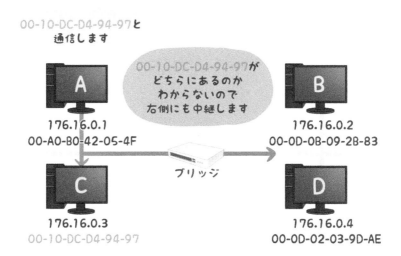

図2.27 知らないアドレスの場合は中継

仕方がありません。

その後、パソコンCがパソコンAに対して返信を行うと、ブリッジはパソコンCが左側のネットワークにあったことを学習します。したがって、次に同じ通信が発生した場合は右側のドメインへの中継を行いません。

実はブリッジという装置は、現在ではほどんと見かけません。ブリッジをいくつも組み合わせた**スイッチ（スイッチングハブ）**を使用するケースがほとんどです。

スイッチは1つの筐体にブリッジ機能をたくさん搭載することで、コリジョンドメインをとても小さくしています。1つのコリジョンドメイン＝2台のパソコンというふうに接続するのが一般的です。すると、リピータやブリッジでは不可能だった、スイッチをまたいで複数組の通信を同時に行うことが可能になるわけです。

スイッチの普及と通信経路の全二重化により、イーサネットでは事実上コリジョンが発生しなくなっています。コリジョンの検出をしなくてよくなったことで、通信の高速化や長いケーブルを設置することがかなり自由に行えるようになりました。高速化しすぎると、衝突を検知する前にパ

ケットを送り終えてしまい、正しく検知できないのです。ケーブル長にしても、衝突検知のためにはパケットを送り終える前に、電気信号がケーブルの端から端まで往復する範囲におさめないといけなかったので、実際にはもっと遠くまで送れる能力があっても、制約をかけていました。これらから解放されたのです。

　実際に、1秒間に10ギガビット級のデータを送受信できる高速なイーサネット規格では、CSMA/CDに関する取り決めが削除されています。CSMA/CDはイーサネットの中核に位置する技術でしたが、時代の流れにあわせてその役目を終えたといえます。

2.8 ルータによる分割
「全員あて」の通信が届く範囲

ブリッジでは制御できない通信

　ブリッジによって自分のネットワークを分割し、イーサネットを用いたネットワークを効率よく使うことができるようになりました。しかし、ブリッジ以外にもさらに別の通信機器を使ってネットワークを分割することがあります。これに使われる機器が**ルータ**です。

　ブリッジでもコリジョンドメインを分割することができるのに、これ以上どうして別の通信機器でネットワーク分割を行う必要があるのでしょうか。その答えは、ブリッジでは制御できない通信にあります。

　ブリッジはMACアドレスを使って通信をコントロールしていました。つまりイーサネットに対応しているわけです。

　しかし、インターネットや別の企業にネットワーク接続する場合は、その相手がイーサネット以外の技術を使っていることも十分考えられます。IPという大枠のしくみさえ合致していれば、インターネットに接続することができますから、イーサネットのような足回りの技術はネットワークごとに異なることがあるわけです。この場合、MACアドレスしか理解できないブリッジでは通信のコントロールができません。

　また、IPアドレスには特殊なホストアドレスがあります。ホストアドレ

図2.28 ブロードキャスト

ス部をすべて0にすると、そのIPアドレスはネットワークそのものを指す、すべて1にすると同じネットワークに所属するすべてのノードあての通信（ブロードキャスト）を指す、というルールなのですが、このホストアドレス部をすべて1にした通信をされてしまうと、ブリッジはすべての通信を通過させることになります。

　もしこれを許してしまうと、ネットワークの帯域が圧迫されたり、見ず知らずの人に自分のネットワーク内のコンピュータへの通信を許してしまうかもしれません（**図2.28**）。そこでルータを導入することでブロードキャストが届く範囲（ブロードキャストドメイン）を分割します。

ルータによるネットワーク分割

　ルータによるネットワーク分割の特徴は、IPアドレスを用いてネットワークを分割することです。ルータで区切られた先は別のネットワークとして扱われます。IPで別のネットワーク扱いになるということは、ネットワークアドレスが変わるということです。ネットワーク設計を行う場合は、ルータで分けたネットワークのネットワークアドレスを変えることを忘れないようにします。

　また、ルータはIPアドレスによって通信の制御を行うことで、複数の、より下位に位置するイーサネットのような足回り技術に対応しています。

　OSI基本参照モデルの中でこれまでに紹介した中継用機器を位置づけると、ルータはネットワーク層、ブリッジはデータリンク層、リピータは物理層と、所属している階層が違うのです。上位に位置する技術は下位に位

置する技術を使い分けることで、個別のネットワークがどのように作られていても、世界中くまなく通信することが可能になります。

ルータを経由する通信の手順

それでは、ある通信がどのようにルータを超えていくかを実際に見てみましょう。

パソコンAがパソコンBと通信したいと考えています。しかし、今度はパソコンAとパソコンBの間はルータによって区切られており、ネットワークアドレスが「172.16」と「172.17」で異なっていることに注意してください（**図2.29**）。

もう1つ注意する点は、ルータが2つのIPアドレスを持っていることです。通常のパソコンであれば、ネットワークカードは1枚ですから、IPアドレスを1つ使います。しかし、ルータはその特性上、2つのネットワークと通信できなければなりません。そのためにはネットワークアドレスが異なる2つのIPアドレスが同時に使えなくてはなりませんから、ルータには最低でも2個のネットワークカードが内蔵されています。

さて、パソコンAはパソコンB（172.17.0.2）と通信したいと思っているわけですが、このアドレスを自分のIPアドレスである172.16.0.1と比較するとネットワークアドレスが異なっていることが分かります。つまり、パ

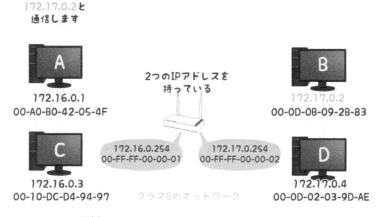

図2.29 ルータで分割されたネットワーク

ソコンＡとパソコンＢは違うネットワークに属しており、直接は通信できないのです。強引に通信しようとしても、ネットワークアドレスが異なるため、パソコンＢには着信しません。

パソコンＡがパソコンＣと通信したいときは、同じネットワークに所属しているのでダイレクトに通信できます。この場合ルータは、ネットワークが異なるパソコンＢやパソコンＤには通信を中継せず、よけいな通信で右側のネットワークを煩わせません。

パソコンＢあてのように、ネットワークをまたいだ通信に使うのが**デフォルトゲートウェイ**というものです。デフォルトゲートウェイとは、自分の最寄りにあって、直接アクセスでき、違うネットワークへの通信を中継してくれるルータのことです。デフォルトゲートウェイも IP を利用するときの基本的な設定で、**ipconfig コマンド**で確認することができます（**図2.30**）。パソコンＡは通信内容をチェックし、あて先ネットワークアドレスが自分のものと異なる場合は決められたデフォルトゲートウェイに、自分が属するネットワーク内ならば直接そのノードに通信を送ります。デフォルトゲートウェイを設定しなくてもネットワークを利用することはできますが、通信を中継してくれるルータが分からないので、異なるネットワークとは通信できません。

デフォルトゲートウェイに通信を送るとき、あて先 MAC アドレスはルータの 00-FF-FF-00-00-01 でも、あて先の IP アドレスはパソコンＢの 172.17.0.2 であることに注意してください。IP アドレスは世界規模でノードからノードへの通信を提供するアドレスであり、通信の最中は一貫して

```
C:¥>ipconfig

Windows IP Configuration


Ethernet adapter ローカル エリア接続 :

        Connection-specific DNS Suffix  . :
        IP Address. . . . . . . . . . . . : 172.16.0.1
        Subnet Mask . . . . . . . . . . . : 255.255.0.0
        Default Gateway . . . . . . . . . : 172.16.0.254

C:¥>_
```

図2.30　ipconfig

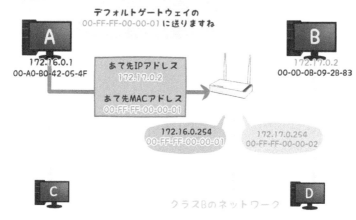

図2.31　デフォルトゲートウェイに送り出される手順

不変です。ルータに中継させたいからといって、ここで「あて先 172.16.0.254」などと変更してしまうと、最終目的地がルータになってしまいます（**図2.31**）。

　図2.32に示したように、IPアドレスは世界におけるその機器の位置を特定するための情報です。そのために、置かれている場所と密接に関連しています。同じパソコンをネットワークAからネットワークBに移すと、否応なしにネットワークアドレスが変わります。置かれる場所によって変わるので、工場出荷時にIPアドレスを決めておくこともできません。

　一方、MACアドレスは場所の情報を含まないので大規模通信はできませんが、その機器固有の番号なので、場所が変わっても変更する必要がありません。出荷時には機器に付与されていて、ユーザは買ってすぐに（自分で設定しなくても）MACアドレスを使うことができます。

　IPアドレスを郵便の住所、MACアドレスを氏名と考えると分かりやすいかもしれません。遠隔地に郵便を届けるとき、あて先や送信元の住所（IPアドレス）が途中で変わることはありませんが、「次は集配局Aへ回送しよう」、「次は郵便局Bだな」といった直近で中継する人（MACアドレス）はどんどん変わっていきます。

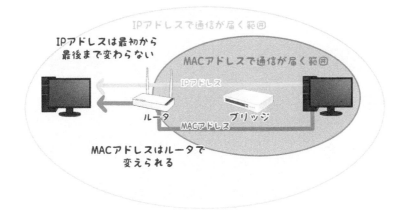

図2.32 なぜIPアドレスとMACアドレスが必要なのか

郵便もインターネットも、これらのアドレスを使い分けることで、上手に通信を目的地に届けています。

デフォルトゲートウェイが通信を中継

通信を受け取ったルータは、まずあて先IPアドレスのネットワークアドレス部を調べます。通信を送ってきたパソコンAの172.16に対して、あて先は172.17ですから、中継してやる必要があります。ルータは172.17側に接続されているほうの自分のMACアドレス、00-FF-FF-00-00-02を送信元MACアドレスに、パソコンBのMACアドレス、00-0D-0B-09-2B-83をあて先MACアドレスに指定して通信内容を一部作り替えます。

これで見事に異なるネットワークに通信が中継されました。この通信はパソコンBとパソコンD両方に届きますが、あて先MACアドレスによりパソコンDでは破棄され、パソコンBのみにきちんと着信することになります（**図2.33**）。

前にも述べましたが、コンピュータを使った通信では、一般的に送りたいデータすべてをだらだらと送り続けることはしません。一定のサイズ（**MSS**：最大セグメントサイズといって、ネットワークの媒体ごとに決まっています）でデータを分割して送信します。コンピュータネットワークでは、複数のノードが1つのネットワークを構成するため、最大サイズ

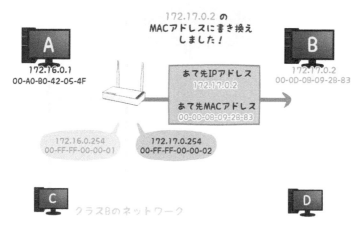

図2.33 中継された通信

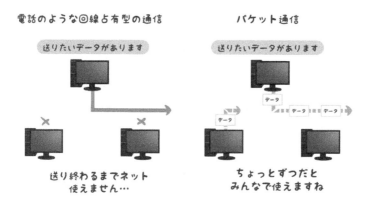

図2.34 回線交換とパケット通信

を決めておかないと、1台のノードにネットワークを占有されてしまう怖れがあるからです。

そこで、コンピュータはまず小さなデータのかたまり（パケット）を作るところから通信の準備を始めます（**図2.34**）。通信の途中でルータがパケットをどう処理するのか、などに注目して手順を見ていきましょう。

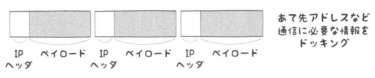

図2.35 IPのパケットが作られるまで

パケットを作る流れ

　手元のパソコンから送信を行う場合、当然送りたいデータが存在しているはずです。これをもとにIPパケットが作成されます。

　送信したいデータがMSSのサイズ以内に収まっていれば問題ありませんが、そうでない場合は**フラグメンテーション**（データの分割）が行われます。分割されたデータにはそれぞれあて先アドレスなど、IPで通信を行うためのヘッダが追加されてIPパケットになります（**図2.35**）。

　分割したデータそれぞれにヘッダをつけるのは、無駄に思えるかもしれません。同じ情報ですし、本当に相手に伝えたい情報でもないのでそれも一理ありますが、データを分割して送信するためには必要な手順です。

　さて、IPパケットは完成しましたが、そのままネットワークに送信しても相手には届きません。パソコン同士をつないでいるのはイーサネットなので、IPを直接は理解できないからです。

　パソコン内でIPパケットの作成を担当したプログラムは、できたパケットをイーサネットの処理プログラムに渡してバトンタッチします。イーサネット側の処理プログラムでは、渡されたIPパケット全体を「イー

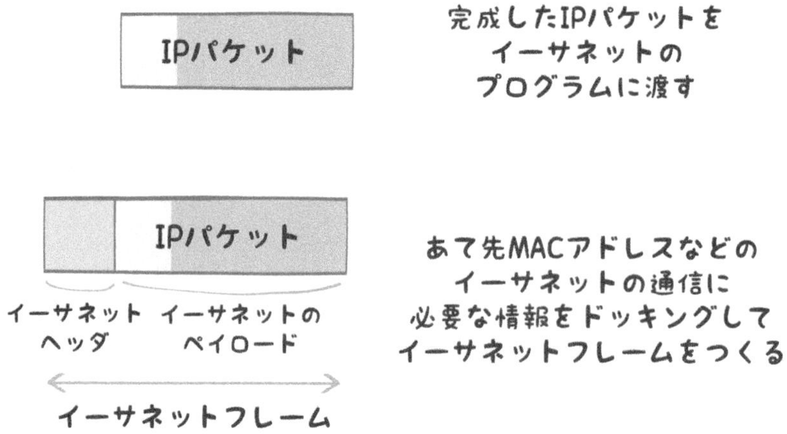

図2.36　イーサネットフレームができるまで

サネットで送るべきデータ」と認識し、あて先 MAC アドレスなどイーサ
ネットでの送信に必要なデータをヘッダとして追加し、**イーサネットフ
レーム**というものを作ります（**図2.36**）。

　フレームというのはやはり小分けされた通信データの意味です。以前
は、OSI 基本参照モデルのトランスポート層ではセグメント、ネットワー
ク層ではデータグラム、データリンク層ではフレームと呼ぼうという大ま
かな区分けもあったのですが、今はオールマイティに使える「パケット」
という言葉が一番幅をきかせています。ですから、「イーサネットパケッ
ト」と呼んでも意味は通じると思われます。

　面白いのは、イーサネットの**ペイロード**（パケットの中で、ヘッダ以外
の部分）にIPのヘッダが含まれていることです。イーサネットにとっては
通信に関係のない情報でも、IP のレベルでは通信用の情報になります。こ
のようにデータが入れ子構造になるので、多くの階層を経るほどデータ全
体に占める、本当に送りたいデータの割合は減っていきます。

通信機器によって見るヘッダが異なる

　イーサネットフレームが完成して初めてネットワーク上にパケット（フ
レーム）が送出されます。通信相手のコンピュータにダイレクトにパケッ
トが届く環境であればよいのですが、多くの場合はブリッジやルータが通

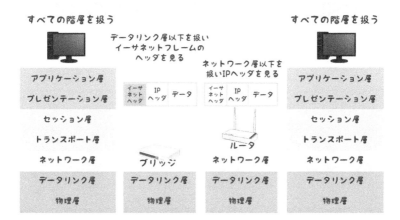

図2.37　通信機器と取り扱うヘッダ

信を中継します。このとき、通信制御のために参照するパケットの箇所が
機器によって異なります（**図2.37**）。

　ブリッジはデータリンク層に属する機器で、イーサネットのヘッダ情報
しか理解できません。ペイロードにはIPのヘッダなども含まれています
が、単に送信すべきデータとして無視します。ルータはネットワーク層に
属する機器なので下位の情報も理解できますが、主にネットワーク層に属
するIPヘッダを参照して通信を制御します。

　目的のコンピュータがパケットを受信すると、まずイーサネットの処理
プログラムにパケットが渡されます。この段階ではパケットにイーサネッ
トのヘッダがついていますが、受信処理が終了すればこれはいらなくなり
ます。余分な情報で混乱させないために、このヘッダを削除したうえでIP
の処理プログラムにパケットを渡します。

　IPの処理プログラムも同様に受信処理後、IPヘッダを削除します。こう
して本来送りたかったデータだけが取り出され、目的のコンピュータに渡
されるのです（**図2.38**）。

図2.38 受信したコンピュータでの処理手順

第 3 章

郵便屋さんの仕事は、家のポストまで

ポート番号のしくみ

IP アドレスはコンピュータに関連付けられていましたが、実際に通信を行うのはアプリです。この章ではアプリと通信を結びつけるポート番号について学びましょう。また、信頼性があって時間がかかる通信と、信頼性はいまいちだけれども速い通信を比較し、それぞれに向いているアプリについて考えていきます。通信の信頼性を高めるためのしかけや工夫についても説明します。

3.1 コンピュータ内での通信

IP アドレスでは、アプリまで届かない

あて先サービスとあて先コンピュータ

IPアドレスを使って、世界中からノードを一意に識別するしくみを見てきました。ノードからノードへ、どんな場所にあっても通信できるしくみはこれまでに説明したIPで確立されているようにみえます。これ以上、通信のしくみが必要なのでしょうか？

通信を理解する場合、「送信元」、「あて先」を意識することはとても重要です。しかし、実はあて先には微妙な違いがあるのです。

あて先には、「本当に届けたい目的地」と「ある通信サービスが届けてくれる目的地」があります。これがぴたりと一致することはあまりありません。「僕の目的地は六本木だ！」と思っても、取りあえず新幹線に乗った段階では目的地は「東京」です。

また、郵便局は個人に通信サービスを提供してくれますが、実はその個人にまでは普通郵便は届けてくれません。個人が所属している「家」に対して配達を行っています（**図 3.1**）。

コンピュータ通信においてもまったく同じことがいえます。IPの定義にノード間で**エンド to エンド**の通信を行うとあります。エンド to エンドと

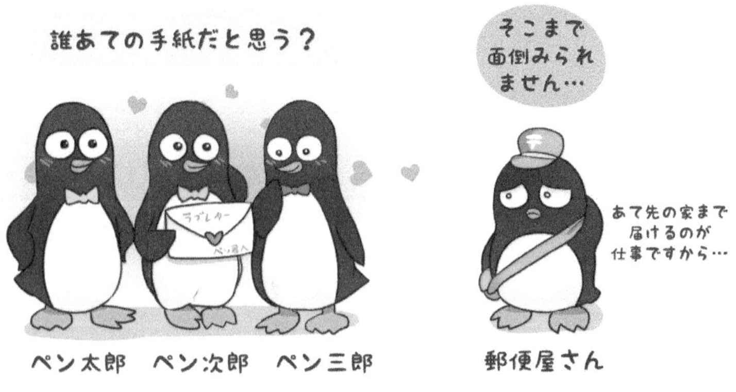

図 3.1 「あて先」認識の違い

いうのは、最初の送り主から最終目的地という意味です（MAC アドレス
は途中で変わったので、エンド to エンドの通信を提供するものではありま
せんでした）。

　つまり、IP は世界中どこでも通信を伝送してくれますが、「送信元」も
「あて先」も、あくまでコンピュータ単位なのです。より正確を期すなら、
コンピュータが内蔵する NIC（ネットワークインターフェースカード。p. 95
で説明）が単位です。1 台のコンピュータでも 2 つの NIC を装備していれ
ば、2 つの IP アドレスを持つことになります。

コンピュータはマルチタスク

　コンピュータ通信なのだから、コンピュータに届けばいいじゃないか、
というわけにはいきません。何故なら、現代のコンピュータはほとんどマ
ルチタスクで稼働しているからです。マルチタスクというのは、複数のプ
ログラムを同時に動かせる環境をいいます。コンピュータを立ち上げて
メールソフトしか起動しないという人はあまりいないと思います。ブラウ
ザで Web サイトを見ながら仕事をしたりできるのも、コンピュータがマ
ルチタスクに対応しているおかげです。

　よほどのマニアでない限り、単にコンピュータと通信できても面白くあ
りません。コンピュータを利用するユーザが本当に行いたいのは、ある
サービスに対しての通信です。サービスは Web かもしれませんし、メー
ルや SNS かもしれませんが、ユーザが利用したいのはまさにこれらの機
能です。マルチタスク環境で、1 台のコンピュータ（IP アドレス）の中で
これらのサービス（プログラム）が同時に動いている場合、通信プログラ
ムはどのサービスに通信を渡していいか分からなくなってしまいます。

　こう見ると、実はコンピュータに着信した後もまだ通信は続いているこ
とになります。コンピュータそのものが通信の目的地ではなく、そのコン
ピュータ内で動いているいずれかのプログラムに通信内容を渡さなければ
ならないのです。

　これは、IP が手抜きをしているというわけではありません。普通郵便の
場合、配達の人も郵便にはあて先の人物の名前まで書いてるにもかかわら
ず、送り届けるのは家のポストまでです。家の中の個人にまで手渡しては
くれません。そんなことをしていたら煩雑ですし、家には家の事情がある

ので、家の中のことはその家のひとにまかせてしまうのが一番です。

3.2 ポート番号
マンションの郵便受けみたいな感じ?

プログラムの識別にはポート番号を使う

インターネットなどの通信では実際にどのようにして、コンピュータ内のプログラムに通信内容を渡しているのでしょうか。あるプログラムに対してデータを渡すためには、そのプログラムを識別できなくてはなりません。そこで、プログラムごとに一意な番号を割りあてて対処しています。この番号のことを**ポート番号**といいます。

プログラムに番号をふって、通信をコントロールするということは、ポート番号もまたアドレスだということです。アドレスである以上は、一意性も保たなければいけませんし、きちんとした番号づけのルールが必要です。しかし、IPアドレスに比べるとポート番号のつけ方はシンプルです。

ポート番号は2進数16桁で表されます。これは10進数になおすと0〜65535の範囲になります。それなりに大きな数ですが、IPアドレスの43億弱のアドレス範囲と比べるとかなり小さいといえます（**図3.2**）。

これは、そのアドレスが識別対象とするものの大きさに起因しています。IPアドレスは世界中のすべてのノードを一意に識別しなければなりま

ポート番号
2進数 16桁
65536のアドレス

IPアドレス
2進数 32桁
43億弱のアドレス

図3.2 アドレス数の違い

せんが、ポート番号は1台のコンピュータの中で動いているプログラムに番号をつければいいだけです。重複しないように気をつけても、そんなに大きな数にはなりません。必要がないのに割りあてられるアドレス数を大きくすると、ヘッダにつけるアドレスが大きくなってネットワークや通信機器に負担をかけるので、ポート番号は16桁になっているのです。

ぴんとこなければ、郵便の住所と氏名の関係を思い浮かべてください。圧倒的に住所のほうが長いはずです。住所は日本国内で（場合によっては世界中で）一意の場所を特定できなければいけませんが、氏名のほうは、少なくとも家族の中で一意性が保たれていれば不自由はないので、このように情報量に差が出るのです。

コンピュータは0～65535までのポートを用意して通信を待っています。もちろん、自分が通信を送り出すときにもポートを利用しています。

ポートは水路のようなもので、それ自体が何かの処理をするわけではありません。ポートの背後にはプログラムが接続されていて（これが、プログラムにポート番号を割りあてる、という意味です）、あるポートに着信した通信はそのままポートを流れてプログラムに到達するようになっています（**図3.3**）。

送信時も同様です。あるプログラムで送信すべきデータが発生すると、そのプログラムに接続されているポートを通して外部にデータを送り出します。

ポートは、通信中は占有状態になります。送信中に同じポートで受信をすることはできませんし、受信が2つ以上重なった場合も同様です。したがって、プログラムによっては、2つ以上のポートを自分のために割り当

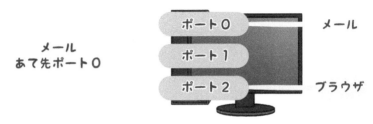

図3.3 ポートに通信が着信する

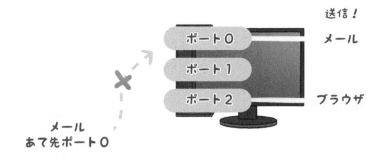

図3.4　ポートは使用中は占有されている

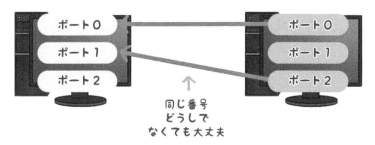

図3.5　異なるポート同士で接続できる

てて、送信には x 番ポートを、受信には y 番ポートを使う、などとしていることもあります（**図3.4**）。

　また、送信元のポートとあて先のポートは異なっていても大丈夫です。ここは意外に勘違いしやすいので注意してください（**図3.5**）。

Well Known ポート

　このように「コンピュータ内のプログラムを示すアドレス」としてはポート番号が用意されています。したがって、通信を行う場合はIPアドレスなどと一緒に送信元ポート番号とあて先ポート番号をヘッダにまぜてやればいいことになります。

　ポート番号のつけ方は基本的に任意になっています。ユーザが自分で指定する場合もありますし、プログラムを起動した際に OS が自動的に割り

あてる場合もあります。これらを**ダイナミックポート**または**エフェメラルポート**と呼びます。

　自分のコンピュータがダイナミックポートとして何番を使っているのかは、**netstat コマンド**で確認することができます。**図 3.6** は pluto というパソコンで netstat を実行した結果ですが、一番下の行を見ると、pluto の 2190 番ポートから IP アドレス 216.239.51.104 のコンピュータの 80 番ポート（変換されて http になっています。後で説明します）に接続していることが分かります。State の欄に ESTABLISHED とあるのは、接続中であることを意味しています。

　ただ、ダイナミックポートは便利なのですが、使いにくい場合もあります。みんなが接続しにくい公共の**サーバ**のようなケースです。サーバとは、Web ページを見せたり、メールの配送をしたりといったサービスを行うコンピュータのことです。一般のユーザが使うコンピュータは、これらのサービスを利用する側なので、**クライアント**と呼ばれます。

　ダイナミックポートの場合、相手のコンピュータがどのプログラムに何番のポート番号を割り当てているかは不明です。友達同士であれば、電話

```
C:¥>netstat

Active Connections

  Proto  Local Address          Foreign Address        State
  TCP    pluto:1027             localhost:2186         ESTABLISHED
  TCP    pluto:1027             localhost:2236         TIME_WAIT
  TCP    pluto:1027             localhost:2238         TIME_WAIT
  TCP    pluto:1027             localhost:2240         TIME_WAIT
  TCP    pluto:1027             localhost:2242         TIME_WAIT
  TCP    pluto:1027             localhost:2248         TIME_WAIT
  TCP    pluto:1027             localhost:2251         TIME_WAIT
  TCP    pluto:1027             localhost:2252         TIME_WAIT
  TCP    pluto:1027             localhost:2253         TIME_WAIT
  TCP    pluto:2180             localhost:1027         CLOSE_WAIT
  TCP    pluto:2186             localhost:1027         ESTABLISHED
  TCP    pluto:2243             localhost:1027         TIME_WAIT
  TCP    pluto:2244             localhost:1027         TIME_WAIT
  TCP    pluto:4815             localhost:1027         CLOSE_WAIT
  TCP    pluto:1098             172.16.0.2 :netbios-ssn  ESTABLISHED
  TCP    pluto:2190             216.239.51.104:http    ESTABLISHED

C:¥>
```

図3.6　netstat

をして聞いたりすることも可能ですが、企業の Web サイトを見る場合などでは現実的ではないでしょう。

　また、せっかく苦労してポート番号を聞き出しても、そのコンピュータが電源を落として、次に立ち上げたときにはポート番号が変わってしまったというケースも考えられます。

　そこで、みんながよく使うようなサービスについて、先に決め打ちの番号を予約してしまったのが **Well Known ポート**です。

Well Known ポートはなぜ必要か

　Well Known ポートは国際的な取り決めなので、世界中どこのコンピュータと通信するときもこれに従えばよいことになります。また、Well Known ポートは0〜1023番の中で割り振ることが定められています。したがって、各 OS が自由につけてよいダイナミックポートは 1024〜65535 番の間になります。

　有名なところでは、メールの送信に使う smtp が 25 番、Web ページを安全にやり取りする https が 443 番（先ほどの netstat コマンドには、暗号化されない http がありました）、メール受信に使う pop3 が 110 番を予約されています（**図 3.7**）。

　ですから、「○○の Web サイトが見たいなあ」と思ったときに必要な、正式なアドレスは IP アドレス＋ポート番号となります。IP アドレスだけでは、○○の Web サイトを見せているコンピュータのところまでしか行けません。ブラウザで Web サイトを見に行くときにポート番号を書かないのは、ブラウザは基本的に Web サイトを見るためのものなので、気を利かして「443 番」というポート番号を自動的に追加してくれているから

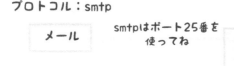

プロトコル：smtp

メール

smtpはポート25番を
使ってね

Well Knownポートの
取り決め

Web

httpsは443番だよ

プロトコル：https

図3.7　Well Knownポート

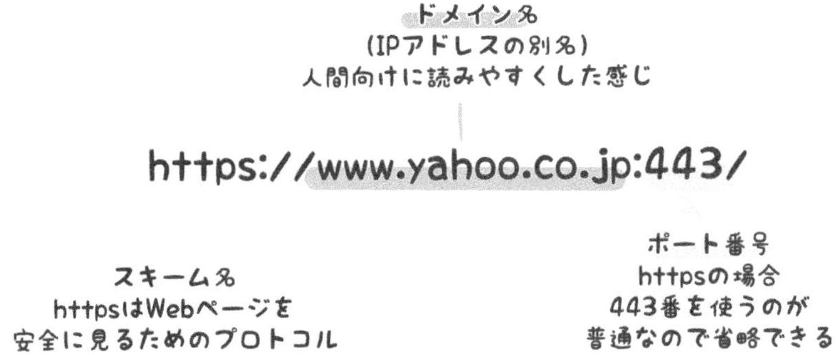

ドメイン名
（IPアドレスの別名）
人間向けに読みやすくした感じ

https://www.yahoo.co.jp:443/

スキーム名
httpsはWebページを
安全に見るためのプロトコル

ポート番号
httpsの場合
443番を使うのが
普通なので省略できる

図3.8　ポート番号は隠れている

です（**図 3.8**）。ためしに https://www.yahoo.co.jp:443/などとしてホームページに接続してみましょう。うまくつながるはずです。一方、443 番以外の番号を使うと、Web サイトが見られなくなります。

　Web サイトを閲覧するだけでも複数のポートが使われています。https://www.yahoo.co.jp/などと見たいサイトをドメイン名で入力したとき、それを IP アドレスに変換してくれるサービス（インターネット上で通用するのは IP アドレスのみです。普段使っているドメイン名はいったん IP アドレスになおす必要があります）である DNS には UDP の 53 番ポートが使われていますし、面白そうなファイルを見つけてダウンロードするサービスである FTP には、TCP の 20 番と 21 番ポートが使われます。

　ここも勘違いしやすいところなのですが、Well Known ポートにそってポート番号を設定するのはサーバ側のコンピュータです。

　Web サーバはみんながつなぎにくる可能性があるので、Well Known ポートを使う必要がありますが、そこにつなぎにいくパソコンは何番のポートで通信しても構いません（送信元とあて先でポート番号が違っても大丈夫でした）。

　ですから、「自分は Web サイトを見るためにブラウザを使っている。こいつはきっと 443 番ポートを使っているんだな」というのは間違いです（**図 3.9**）。

ポートは閉じておくこともできる

　ポートは基本的に待受状態になっています。あるポートにデータが着信

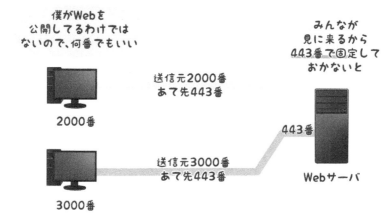

僕がWebを
公開してるわけでは
ないので、何番でもいい

みんなが
見に来るから
443番で固定して
おかないと

送信元2000番
あて先443番

2000番

443番

送信元3000番
あて先443番

Webサーバ

3000番

図3.9 Well Knownポートを使うサーバ

すればそれを受けつけますし、自分自身がデータを送信する場合にも利用
できます。もちろん、先に通信を行っているポートはそれが終了するまで
使えませんが、ダイナミックポートではOSが空いているポート番号を管
理していて、通信が発生したときに適切な番号を割り当てます。

　しかし、中には着信を受けつけたくないポートというのもあります。重
要なデータを扱うサーバでは、**クラッカ**（IT技術に精通し、それを悪用し
て犯罪を働く者のこと。尊称の意味がない点でハッカーと異なる）対策と
して通信は基本的に受けつけないこともあります。その場合、ポートを指
定して「着信拒否」をすることができます。これを**ポートを閉じる**と表現
します。セキュリティ対策に「必要のないポートを閉じよう」という原則
がありますが、このことを指しているのです。

3.3 UDP
コネクションをつながない、せっかちプロトコル

トランスポート層は通信品質を制御するところ

　ポート番号には2つの種類があります。ポート番号の目的はあくまで
「プログラムを識別」することにあって、とてもシンプルなのですが、

ポート番号を定めている通信の階層はトランスポート層に属するのが理由で2つに分かれてしまったのです。

　トランスポート層は OSI 基本参照モデルの下から4階層目に位置します。IP が属しているネットワーク層の1つ上です。

　第1章で紹介したようにトランスポート層の役割は通信品質の管理です。IP はエンド to エンドの通信を提供しますが、通信のやり方は**ベストエフォート**と呼ばれています。これは、「通信を最後まで届けるために最大限の努力はするけれど、もし届かなくても知らないよ」という意味です。

　ずいぶんいい加減だなあ、と思われるかもしれませんが、それを補完するためにトランスポート層があります。IP にそれを組み込んでしまうと融通が利かなくなるので、わざわざ分離しているのです。

　これは郵便にも当てはめることができます。普通郵便を届けるために、きっと郵便局は最大限の努力をしてくれます。しかし、普通郵便では、万一郵便事故などがあった場合に補償はしてくれません。また、ちゃんと届いたかどうかの確認もとることができません（相手に電話して聞くことはできるかもしれませんが、それは郵便システムとは別の話になります）。ベストエフォート型の通信ですね。

　それに対して、たとえば書留郵便を選択すると、料金は高くなりますがちゃんと認印をもらって、相手が受け取ったことを確認してくれます。また、事故などの際には賠償金ももらえます。高くなった分の見返りがあるわけです。

　IP はベストエフォート型を採用していますが、その理由の1つがコストです。電話に比べてインターネットの利用料金は安いといわれていますが、電話は通信品質を保証しているのに対して IP のネットワークはベストエフォートであることが主要因です。

品質はいらない場合もある

　なぜそれでポート番号が2種類になるのか、という点に戻りましょう。書留の例であげたように、通信品質の保証は大事ですが、代わりに料金が高くなります。みんなが何でもかんでも書留を使わないのはそのためです。コンピュータ通信の場合もこれが当てはまります。

コンピュータ通信が品質と引き替えに失うものは、主に速度です。大抵の場合は、若干速度が遅くなってもきちんと相手に届いてくれたほうがよいのですが、生中継の動画を配信しているような場合やIP電話（インターネットを使った電話サービス）など、たとえきちんと伝達されたとしても素早く届いてくれなければ意味がない通信というものがあります（**図3.10**）。電話の音声がひどく遅れて届いたら会話が成立しません。たとえ、少し声がかすれたりしても、すぐに届いたほうが都合がよいわけです。

　そこで、トランスポート層では2つのプロトコルが用意されています。**通信品質の保証はせずリアルタイム性を重視したUDP**と、本来の目的どおり**通信品質の保証を行うTCP**です。UDPはプログラム識別の機能（ポート番号）のみを提供します。TCPはポート番号を提供する他に、途中でデータが失われた場合の再送制御や受信側の処理能力に合わせた通信速度の管理など複雑な手順を実行します。

　それぞれの説明に先立って、1つ注意すべき点があります。コンピュータは、TCPとUDPは異なるものとして処理するという点です。

　どちらもポート番号として16桁の2進数（0〜65535）を使うことは変わりありませんが、TCPの0番ポートとUDPの0番ポートは別のものとして扱います。したがって、同時に通信しても通信内容が混ざってしまうようなことはありません。

通信品質を高めるため
速度を犠牲にします

TV生中継

メール

いいね

図3.10　通信目的による品質ニーズの違い

UDP

　UDP はポート番号によるプログラムの識別くらいしか機能を有していないことはヘッダ情報を見ても分かります。

　送信元のポート番号（受信側が返信をするときに必要です）とあて先のポート番号以外に、他の情報はほとんどありません。UDP がつくるパケットは長さが任意なので、全体の長さを記すパケット長のフィールドと、受信時にエラーがないか確認するチェックサムの2つだけになります（**図 3.11**）。

　UDP が提供する通信は、第1章で述べたコネクションレス型の通信です。コネクションレス型の通信は、相手が本当にいるのかどうかや、相手の都合を考えずにいきなりデータを送りつけるタイプの通信です（IP もコネクションレス型の通信でした）。ただ、いきなり送信するといっても、UDP を制御するプログラムが直接ケーブルにデータを送信するわけではありません。UDP はトランスポート層に属するプロトコルですから、ネットワーク層に属する IP の制御プログラム、データリンク層に属するイーサネットの制御プログラムへと、順次データが渡されていきます（**図 3.12**）。

　「通信品質が低い」というといかにも悪いイメージがありますが、処理がシンプルであるので高速性に特徴があります。TCP との違いはいい悪いではなく、単に通信特性の違いだと考えてください。

　どのプログラムが UDP を使うかは、あらかじめ定められています。多少遅れても確実に届いて欲しいメールや Web には TCP が使われています。少しくらい伝送ミスがあってノイズが入ってしまったとしても、即時

送信元ポート番号(16bit)	あて先ポート番号(16bit)
パケット長(16bit)	チェックサム(16bit)

図3.11　UDPにつけられるヘッダ情報

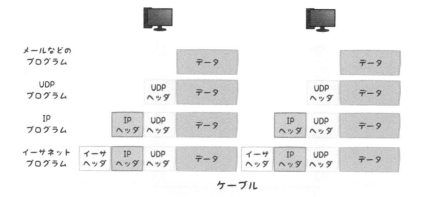

図3.12 UDPでデータが伝送される様子

に届くことに意味があるIP電話や動画の生中継など、リアルタイム通信は多くがUDPを採用しています。

3.4 TCP

接続確認が手厚い、慎重プロトコル

通信の初めと終わりに3ウェイハンドシェイク

　ポート番号の提供をほぼ唯一の使命としていたUDPに対して、TCPはトランスポート層の本来の目的を司っているプロトコルであるといえます。すなわち、相手にきちんとデータが届いているか、それは順番どおりか、といった通信品質管理や、相手のことを考えた通信の確立（UDPではいきなり送りつけていました）を行います。どのような手順を用いるのか見ていきましょう。

　通信の品質管理というといかめしい印象ですが、その内容はとても簡単です。**3ウェイハンドシェイク**という方法を使います（**図3.13**）。

　簡単にいえば、相手に対して「**通信を開始していいですか？**」（**SYN**）というお伺いをたてて、「**大丈夫ですよ**」（**ACK**）という返答をお互いにやり取りするだけです。合計で3回パケットが行き交うので、3ウェイハ

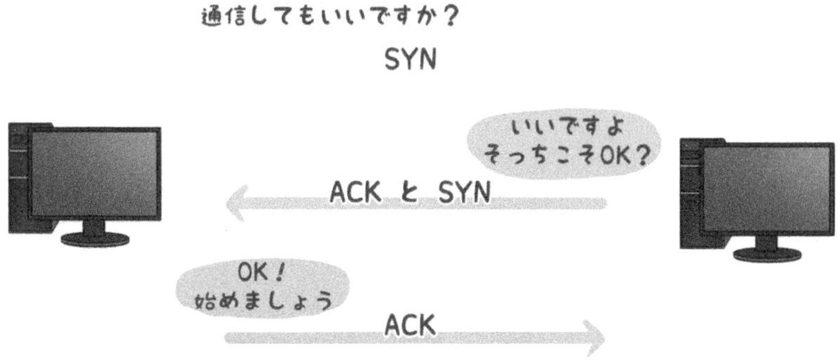

通信してもいいですか？
SYN

いいですよ
そっちこそOK？

ACK と SYN

OK！
始めましょう

ACK

図3.13 通信開始時の3ウェイハンドシェイク

ンドシェイクなのです。

通信終了時もきちんと通信を終わらせるためにハンドシェイクを行います。手順は同じですが、今度はSYNの代わりに**FIN（終了要求）**を送るところだけが違います。

3ウェイハンドシェイクはとても簡単なしくみですが、途中のケーブルや相手のパソコンに障害があれば、確実にそれを検知できます。

TCPでは3ウェイハンドシェイク以外にもさまざまな通信制御を行います。まずは**図3.14**のTCPヘッダを見てみましょう。

送信元ポート番号とあて先ポート番号はUDPと一緒です。これら以外に、TCPにはシーケンス番号とACK番号があります。これはTCPの通信制御に大きく関わってきます。

データ伝送時の確認応答

3ウェイハンドシェイクは、実際に送りたいデータの伝送の前か、伝送後に行われます。もちろん、通信が確実に行われることの保証に役立ちますが、直接データ伝送部分の送達確認をしているわけではありません。これでは心許ないので、TCPではデータ伝送時にも送達確認をしています。

ここで使われるのが**シーケンス番号**と**ACK番号**です。シーケンス番号は今どの部分を送信しているのかを示しています。

たとえば**図3.15**のように、1000バイトごとにデータを送る場合、最初

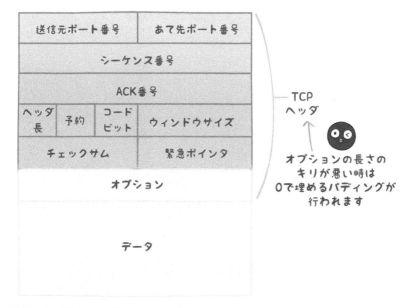

図3.14 TCPヘッダフォーマット

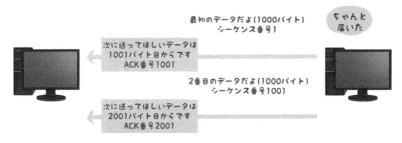

図3.15 シーケンス番号とACK番号

に送られる先頭から1000バイト目までのパケットには、シーケンス番号1
がつけられたとします（実際には、最初のシーケンス番号には任意の数値
が割りあてられます）。

　受信側はそれをきちんと受け取れたら、次は1001バイト目からのデー
タが欲しいことになります。これを ACK 番号1001 として送信側に伝える
のです。ACK1001 の返信を受けた送信側は、最初の伝送が上手くいった
ことが確認できたので、1001〜2000バイト目までのデータをシーケンス番

最初のデータだよ(1000バイト)
シーケンス番号1

トラブル！

最初のデータだよ(1000バイト)
シーケンス番号1

次に送ってほしいデータは
1001バイト目からです
ACK番号1001

いつまで待っても
ACKが返ってこないときは
もう一度同じ
パケットを送るよ

図3.16 送信パケットが消失した場合

号 1001 をつけて送ります。

　ここまではトラブルなく伝送できた場合の手順ですが、通信プロセスの
どこかでパケットが消失してしまったらどうなるでしょうか。TCP の下
位で動いているのは IP（ベストエフォート型通信）ですから、当然、その
ようなケースも考えられます。

　送信パケットが途中で失われてしまった場合は、最初のシーケンス番号
1 のパケットは、伝送中にトラブルが発生し受信側に届かないことになり
ます。当然、ACK は返信されませんから、送信側は何かおかしいことに
気づきます。

　送信側は一定時間待っても ACK が得られないとき、同じパケットを再
送します。こうすることで、送信エラーをカバーしているのです（**図
3.16**）。

　これとは逆に、ACK を知らせる返信パケットが失われるケースも想定
されます。この場合も同じ手順で再送を行うことができます。

　ACK が失われてしまった場合も、送信側にとって起きる現象は同じで
す。つまり、一定時間待っても ACK が得られないので、先ほどと同様に
同じパケットをもう一度送信します。

　受信側はシーケンス番号によって同じパケットを受信してしまったこと
を知ります。これは自分からの ACK が正しく届いていないことを意味し
ますから、もう一度、同じ ACK 番号を埋め込んだパケットを返信して次

図3.17 返信パケットが消失した場合

のデータの送信を促すのです（**図3.17**）。

3.5 TCPを高速化する方法
遅いはずのものを速くする、いろんな工夫

スライディングウインドウ方式

手順を見ても分かりますが、TCPの通信方法は非常に慎重です。今のコンピュータは高性能ですから、次々にデータを送り出すことができます。しかし、ACKが返ってこない限り次のデータを送り出しませんから、低速回線などを利用する場合は延々とACKを待ち続けることになります（**図3.18**）。

これではUDPに比べた場合、とても通信速度が遅くなります。原理的にいって、UDPと同等の速度は不可能としても、もう少し速くできない

図3.18 ACK方式の欠点

ものでしょうか。

　そこで、TCP の速度を可能な限り向上させるためにいくつかの手法が考案されました。最も有名なのは**スライディングウインドウ方式**です。

　ウインドウとは、「ACK を待たずに 1 度に送ってもよいデータ量」を意味します。通常の TCP 通信では、これは 1 つのパケットが送るデータサイズと一緒です。1000 バイトのデータを送るのであれば、ACK が返ってくるまで 1001 バイト目以降のデータを送信することはできません。

　しかし、スライディングウインドウ方式では、受信側からウインドウサイズとして指定されたデータ量までは ACK を待たずに送信することができます（TCP ヘッダにウインドウサイズを入れるフィールドがあります）。

　図 3.19 はウインドウサイズを 3000 バイトに指定した例です。1 つのパケットが 1000 バイトなので、ACK がなくても 3 パケット分は送信してしまうことができます。これでかなりの時間短縮が可能です。

　ただし、4 パケット目以降は、ウインドウの空きを知らせる ACK が返ってこないと送信することができません。

　もし受信側が 3000 バイトを 1 度に受け取る能力がなくなってしまった場合には、送信側に送っても大丈夫なデータの量を通知します。

　そもそもウインドウという名前は、データ全体のうち、送ってよい部分

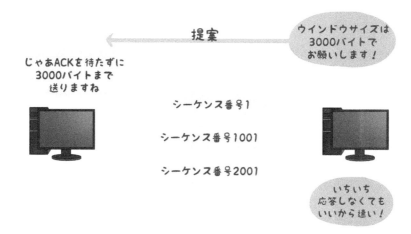

図3.19　スライディングウインドウ方式

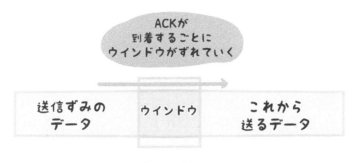

図3.20　ウインドウの概念

を覗き見しているようなイメージからつけられたものです。ACK が到着
するたびに、ウインドウがずれていくのでスライディングウインドウなの
です（**図 3.20**）。

高速再送制御

　スライディングウインドウ方式の場合は、再送制御にも工夫がこらされ
ています。パケットが連続して送られてきますから、それに対応する
ACK もさみだれ式に返信されることになります。

　どこかのパケットにトラブルが生じた場合、受信側はそれ以降のパケッ
トが到着したとしても、完全に受信したパケットに対する ACK を返信し
続けます。

　ACK 1001 が 2 回届いた時点で送信側は「おかしい」と気づきます。実
際には通信遅延などの原因も考えられるため、念のため 3 回同じ ACK を
受信した段階で届かなかったと思われるシーケンス番号 1001 の再送処理
が行われます。これはタイムアウトによって行われる再送処理よりもずっ
と早く起動するため、速やかにトラブルから復帰することができます（**図
3.21**）。

　また、パケットが失われた場合ばかりでなく、返信される ACK にトラ
ブルが生じた場合でも高速再送制御によって効率的な通信が行われます。

　パケットが順調に受信できている場合、受信側は矢継ぎ早に ACK を返
していきます。そのうちの 1 つがトラブルによって失われたらどうなるで

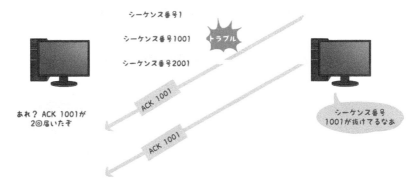

図3.21　高速再送制御

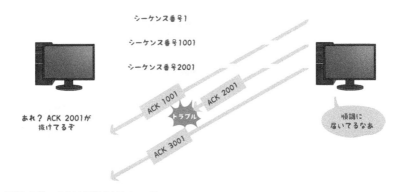

図3.22　ACKが抜けるケース

しょう。送信側からしてみれば、この現象は突然ACKがすっぽ抜けたように見えます。しかし、高速再送制御の場合はACKがないからといって即、再送を行うわけではありません。

　通常のTCPであれば、ACKが届かなければタイムアウトをカウントして再送を行うことになりますが、高速再送制御をしている場合は次々と後続のACKが届きます。本当にシーケンス番号1001番のパケットが届いていないのであれば、先ほどのケースと同様に受信側はACK 1001番を送信し続けるはずです。

　しかし、たとえばACK 3001番が無事に届いたならば、受信側にはきちんとシーケンス番号1001番は届いており、それに対するACKが何らかの原因でなくなってしまったことを意味します。つまり、再送の必要はない

わけです（**図 3.22**）。

このように、高速再送制御では ACK が失われた場合でも、無駄な再送を省いてより高速で効率的な通信を行うことができます。

3.6 フロー制御
あっぷあっぷしている相手には手加減を

スロースタート

これまで述べたように、TCP の目的には「信頼性に富んだ通信の提供」があります。そのための手法が3ウェイハンドシェイクであり、再送制御であるわけですが、信頼性が失われるのは何も伝送途中のトラブルだけではありません。たとえば受信側コンピュータの処理能力を超えてたくさんのパケットが到着した場合、処理しきれないパケットは破棄されてしまいます。信頼性のある通信を提供するには、こうした点にも注意を払わなくてはなりません（**図 3.23**）。通信を始める段階では、相手のコンピュータの性能やそこに至るネットワークの状態などは分からないことがほとんどだからです。

そこで、最初は様子見をするためにウィンドウサイズを小さくしておき、大丈夫そうであれば徐々にウィンドウサイズを大きくしていく方法が

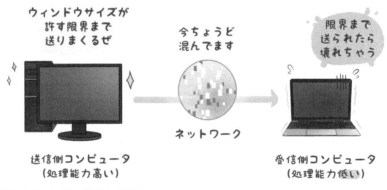

図3.23 相手の状況も考えたい

採用されています。これを**スロースタート**と呼びます。

　ネットを見ているときなど、最初のうちは表示速度が遅かったのに、同じサイトを見ているうちにだんだん調子がよくなってくるように感じられることがあります。キャッシュなど別の要因も考えられますが、これはTCP のスロースタートが行われている 1 つの証拠です。

　スロースタートでウインドウサイズが安定した後も、ウインドウサイズが最大値で固定されてしまうわけではありません。受信側が処理能力の低いパソコンなどであった場合、ちょっと別の処理をした拍子に受信パケットを捌ききれなくなることがあります。

　このような状態になってしまった場合には、受信側コンピュータがACK を送るときに、TCP ヘッダにあるウインドウサイズフィールドを使って、少しずつデータを送ってくれるようにリクエストするようになっています。

第 **4** 章

インターネットの交通
整理はルータにおまかせ

ネットワークの距離の数え方

インターネットは高速道路のようなもので、分
岐点で道案内をするルータは最重要の通信機
器です。この章では、ルータがどんなふうに道
を調べ、記憶し、道路を疾走するパケットをさ
ばいているのか、見ていきましょう。また、IP
アドレスが足りなくなったために、プライベート
アドレスと呼ばれる内線番号のようなものが考
えられました。どんなふうに使えばいいのか、
ルータはどう処理しているのかも学習します。

4.1 ルーティング

道案内と交通整理

大規模なネットワークを構築する

　IP や TCP の説明を経て、かなりインターネット通信の構造が分かってきました。しかし、ここまででは現実のインターネットの姿には近づいていません。IP はインターネットワーキングを想定したプロトコルですが、今までの説明は、まだ LAN の中で行われている通信についてのものだったからです。

　ここまでで見てきたネットワークは 1 つのネットワークであったり、大きくても 2 つのネットワークを組み合わせたものでした。これは、実は家の中で郵便ごっこをしているようなものです。

　もちろん、この中でも、形式的には大きなネットワークと同じ手順を踏んで通信がやり取りされています。おばあちゃんに届けて、と子供に渡す手紙だって、ポストに出すのと同様にあて名くらい書くでしょうし、配達料がわりのお駄賃も渡すかもしれません。でも、やはり本物の郵便局のネットワークとは違います。これはインターネットワーキングも同じで、ルータを導入して、LAN を区切って……とやっていけば、部分部分はインターネットと同じ技術で動いていることになりますが、やはり規模の大きさなどからくる相違点があります。ここからは少し大規模なネットワークの動き方を見ていきましょう。

　ネットワークが大きくなってくると、それぞれを細かいサブネットに分割しなくてはなりません。第 2 章で説明した、コリジョンとブロードキャストドメインの問題があって、単一のネットワークをあまり大きくはできないからです。

　ネットワークが 2 個しかないような状態では、ルータの動作はとてもシンプルです。ある通信を受け取ったとき、あて先が送信元と異なるネットワークの IP アドレスであれば中継してやり、送信元と同じネットワークの IP アドレスであれば破棄します。しかし、ネットワークが多数に上る場合は、さらに考慮しなければならないことがあります。

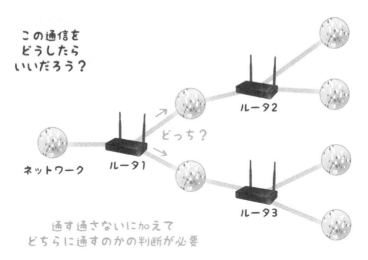

図4.1　大規模なネットワークになってきた

　図4.1ではルータ1にパケットの着信がありました。あて先IPアドレス
は外部ネットワークを指しているので、ルータ1はこれを中継してやるこ
とにします。

　しかし、ルータ1はルータ2にもルータ3にもつながっているので、ど
ちらに中継するのかを判断しなければなりません。つながっているルータ
すべてに転送していたら、無駄な通信が増えて相手に迷惑がかかります。

　大人数で、しかもたくさんのルートがあるバケツリレーをするとイメー
ジしてみてください。水の入ったバケツ（パケット）を素早く次の人に渡
していかないとリレーが成立しませんが、渡せるのは1人だけです。誰に
渡すかを間違えてしまうと、水は永遠に目的地に着かなかったり、とても
時間がたってから着いたりすることになります。

　あて先ネットワークのある方向のルータのみにパケットを転送するため
には、あて先ネットワークがどこにあるのかを知っていなければなりませ
ん。ルータはそのための情報が蓄積されているデータベースを持ってお
り、これを**ルーティングテーブル**（**経路表**）と呼びます。また、最適な方
向にパケットを送り出してやることを**ルーティング**と呼びます。ルーティ
ングはルータの最重要の仕事の1つであり、この機能によってインター
ネットが動いているといっても過言ではありません。

ただ、これはインターネットに特有のしくみではありません。郵便局だって、どのように配送経路を決めれば一番効率的に郵便を運べるか、日夜検討していると思われます。

　「一番距離の近い道を通るのがいいよ」

　「でも、一番近い道は山の中のけもの道を通るから、遠回りのようでも国道を行ったほうが速いと思うよ」

　などなど、人の行っていることであれば、どんなやり方をしているのかだいたい想像がつきます。では、インターネットではどのように伝送経路を決めているのか、見ていきましょう。

ルーティングテーブルには何が必要か

　ルータ1はルーティングを行おうとしていますが、そのためにはどちら方向にルーティングしたらよいのか、判断材料となるルーティングテーブルがなくてはいけません。

　判断のためにはまず方向が必要です。ルータ2とルータ3につながっているとして、どちらに進めばネットワークAに到達できるかを自分のルーティングテーブルに書いておきます（**図4.2**）。こうすれば最低限のルーティングができますが、現実のインターネットではこうはいきません。インターネットで提供されているWebサイト群がWorld Wide Webと表記されていることからも分かるように、インターネットのネットワーク網は網の目状に複雑に張り巡らされているからです。

　都心の入り組んだ道を利用して郵便物の集配を行うとき、目的地までの行き方が何通りもあるはずです。どういうふうに集配ルートを設定するかで、配送の時間と手間がまったく違ってしまいます。このとき、集配ルートを決めるのは郵便局です。同じことがインターネットにもいえるわけです。インターネット上ではルータが郵便局、パソコンが家のポスト、と考えると理解しやすいと思います。

　集配ルートを定めるのに、よく利用されるのが**ホップ数**という概念です。**図4.3**で中継を任されたルータ1は、ルータ2と3どちらにパケットを中継してもネットワークAに到達できることを知っています。

　しかし、ルータ2を経由した場合はあて先を含めて、通過するネットワークが2個であるのに対して、ルータ3を経由した場合はネットワーク

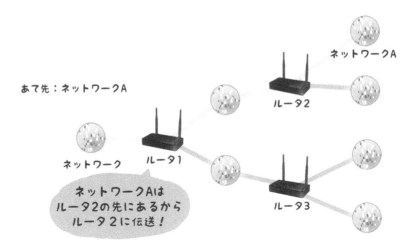

図4.2 ルーティングの判断材料

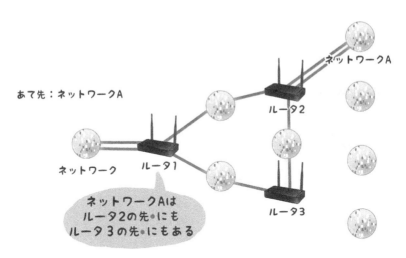

図4.3 どちらにルーティングしても届く

3個を介さないとネットワーク A に到達できません。

　このとき、ルータ2方向のホップ数が2、ルータ3方向のホップ数が3と表現します。当然、素早く通信を中継したいのでホップ数が小さい方向に対してパケットを送信することになります。

ネットワーク上での距離（メトリック）を表す概念はいろいろあります
が、ホップ数は最も代表的な距離の表し方です。

4.2 ルーティングテーブル
つねに変わり続けるインターネットの地図

ルーティングテーブル

ルータには次々とパケットが到着します。では、これらの情報を瞬時に
判断するために、ルーティングテーブルには何が書かれているのでしょうか。

図 4.4 は**図 4.5** のルータ 1 のルーティングテーブルです。一番左の青い
項目にはあて先ネットワークが書かれています。目的地のノードを直接書
くようなことはしません。あまりにも情報がぼう大になるからです。とに
かくあて先ネットワークにさえ届いてしまえば、ノードに届ける処理はそ
のネットワーク内でやってくれるので、ルータは「ネットワークそのも
の」に対して転送することだけを考えるのです。

次の項目はサブネットマスクです。「ネットワークアドレスがどこまで

あて先ネットワーク	サブネットマスク	次に行くべきルータ	このルータの どちら側から 出ていけばいいか	メトリック
172.20.0.0	255.255.0.0	172.17.0.2	172.17.0.1	3
172.21.0.0	255.255.0.0	172.18.0.2	172.18.0.1	2
・		・	・	・
・		・	・	・
・		・	・	・

図4.4 ルータ1のルーティングテーブル

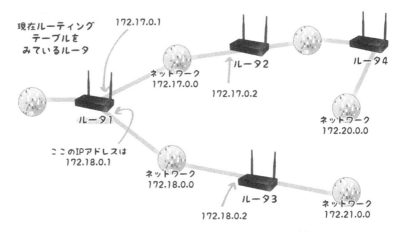

現在ルーティング
テーブルを
みているルータ

172.17.0.1

ルータ2

ルータ4

ネットワーク
172.17.0.0

172.17.0.2

ネットワーク
172.20.0.0

ルータ1

ここのIPアドレスは
172.18.0.1

ネットワーク
172.18.0.0

172.18.0.2

ルータ3

ネットワーク
172.21.0.0

図4.5 ルーティングテーブルから読み取れるネットワーク構成

か」が分からなければ、あて先ネットワークが特定できませんから、これ
はセットで記載します。

　ゲートウェイとは「あて先ネットワークに至るために転送すべきルー
タ」を指しています。図4.4でいうと、自分は172.20.0.0のネットワークに
直接つながってはいないけれど、そこにより近いところにある172.17.0.2
というルータには接続されているので、そこに転送しろ！　ということに
なります。

　そのルータに転送するためには自分がどの**ネットワークインタフェース
カード**（以下、**インタフェース**）を使うのか、確定しなければなりません。
第2章で述べたように、ルータはパソコンと違って2つ以上のインタ
フェースを持っていますから、そのうちのどれが転送するゲートウェイに
つながっているかの情報が必要です。これを記載してあるのが、「この
ルータのどちら側から出ていけばいいか」のフィールドです。172.17.0.2に
転送するためには172.17.0.1のインタフェースを使います。

　ここではメトリックとしてホップ数を使います。図4.5のルータ1から
見て、172.20.0.0は3個目のネットワークです。したがって、メトリックは
3となります。ルーティングテーブルに172.20.0.0に至る複数の経路が存在
している場合は、最も小さいメトリックの経路が優先して選択されます。

　メトリック数3ということは、172.17.0.0と172.20.0.0のネットワークの

```
コマンド プロンプト                                                              _|□|×|
C:¥>route print
===============================================================================
Interface List
0x1 ........................ MS TCP Loopback interface
0x2 ...00 a0 b0 42 05 4f ...... Realtek RTL8169/8110 Family Gigabit Ethernet NIC
 - パケット スケジューラ ミニポート
===============================================================================
===============================================================================
Active Routes:
Network Destination        Netmask          Gateway       Interface  Metric
          0.0.0.0          0.0.0.0      172.16.0.254      172.16.0.1      1
        127.0.0.0        255.0.0.0        127.0.0.1        127.0.0.1      1
       172.16.0.0      255.255.0.0       172.16.0.1       172.16.0.1     20
       172.16.0.1  255.255.255.255        127.0.0.1        127.0.0.1     20
   172.16.255.255  255.255.255.255       172.16.0.1       172.16.0.1     20
        224.0.0.0        240.0.0.0       172.16.0.1       172.16.0.1     20
  255.255.255.255  255.255.255.255       172.16.0.1       172.16.0.1      1
Default Gateway:        172.16.0.254
===============================================================================
Persistent Routes:
  None

C:¥>
```

図4.6 route printコマンド

間にはもう1つネットワークがあるはずですが、そこの情報はこの1行か
らだけでは分かりません。そこまで把握していたらルーティングテーブル
がすぐにパンクしてしまうからです。ここで必要な情報はあくまで目的地
とそこに至る最短経路の入り口だけなのです。

　ルーティングテーブルはルータがないと確認できませんが、それに近い
ものは手元のパソコンでも調べることができます。コマンドプロンプトで
route print コマンドを使ってみましょう（**図4.6**）。
　一般のパソコンはルーティングをしませんから、書かれている情報はと
ても小さなものです。「直接つながっているネットワークであれば、直接
転送」、「それ以外はデフォルトゲートウェイにまかせよう」くらいしか書
かれていません。デフォルトゲートウェイとは、自分のパソコンから見て
最寄りのルータで、他のネットワークと通信するときに中継をしてくれる
ものでした。

ルータにもデフォルトゲートウェイはある

　しかし、いくら中継が専門のルータといえども、要求されたあて先ネッ

トワークに至る経路を知らないことがあります。

　それをそのまま「通信不能」として返却していたら、利用者はそのルータが知っているネットワークとしか通信できないことになります。インターネットには日々新しいネットワークが追加されているので、これでは不便です。

　そこで、行き先不明のパケットは自分よりもっと詳しそうなルータに取りあえず転送してみる場合があります。これがルータにおけるデフォルトゲートウェイです。転送した先が必ずしも経路を知っているとは限りませんが、最終的に到達できる可能性は高くなります（**図4.7**）。

　もちろん、処理がうまくいかなかったりしていつまでも目的地に届かないパケットも出てきます。これを放置しておくと、インターネット上が幽霊パケットだらけになるので、一定時間が経過したパケットは消去してしまいます。賞味期限のような考え方ですが、パケットには**TTL**（**Time To Live：生存時間**）が決められていて、ルータを通過するたびに1つずつ減算されていきます。TTLが0になったパケットを消すことで、ネットワークのパンクを防いでいるのです。

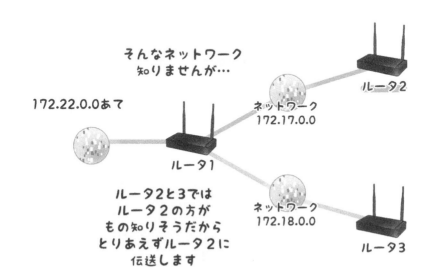

図4.7　ルータのデフォルトゲートウェイ

ルーティングテーブルの作成は従来、人手で行われてきました。しかし、接続ネットワーク数が多くなってくると、とても手作業での経路入力など追いつかなくなります。

また、事故などであるルータが動かなくなった場合、IP の特性からいってきちんと迂回経路を設定してやれば、すぐに通信を復旧させることができます。しかし、この迂回経路設定を人間がやるとしたら、待ち時間は相当長くなってしまいそうです。

「経路入力の省力化」、「経路情報の動的な変更」の側面から、現在ではルーティングテーブルの作成とメンテナンスは自動化されています。

4.3 ルーティングプロトコル
交通整理の手順を決める、規模によって手順が違う

スタティックルーティングとダイナミックルーティング

ルーティングテーブルを自動的に作成するためのルーティングプロトコルについて見ていきましょう。これを自在に使いこなせると、ルータの管理がとても楽になります。

まず最初に手作業によるルーティングテーブル作成を確認しておきましょう。人手によって作成されたルーティングテーブルでルーティングすることを**スタティックルーティング（静的経路制御）**といいます。

スタティックルーティングはあまり使われなくなっていますが、ルートを固定しておきたい場合などにはこちらのほうが便利です。たとえば、**図4.8** ではネットワーク A にルータ 2 からでも 3 からでも到達できます。しかし、ルータ 3 を通る経路は敵対会社のネットワークを通るため通信を盗聴される可能性があります。

こんなケースでは、たとえルータ 2 が故障したとしてもルータ 3 の経路は使いたくありません。そこでスタティックルーティングによってこのルートを通らないように設定します。

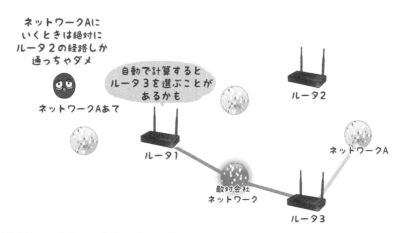

図4.8 スタティックルーティング

　スタティックルーティングに対応する言葉は、**ダイナミックルーティング（動的経路制御）**です。これは最適な経路をルータに自動で計算させる方法です。

　この方法をとれば、何よりぼう大な経路を登録する手間が省けますし、あるルートの途中で何らかの障害が発生した場合にも、迂回するルートを自動的に設定してくれます。

　計算方法は1つではなく、さまざまに考えられていますが、次の2つに大別できます。

ディスタンスベクタ型

　ディスタンスベクタ型とは、隣り合うルータが自分のルーティングテーブルにある**方向（ベクトル）**と**距離（ディスタンス）**の情報を交換しながら、経路を決定する方法です。先ほどまで見てきたのがこのやり方でした。

　図4.9の場合、ルータ1から見て、ネットワークAはルータ2からしか到達できません。この場合はベクトルによって経路が決定します。

　ネットワークBはルータ2からも3からも到達できますが、ルータ2方向に進むと距離が3なのに対して、ルータ3方向では2です。したがって、ディスタンスによりルータ3経路を選択します。

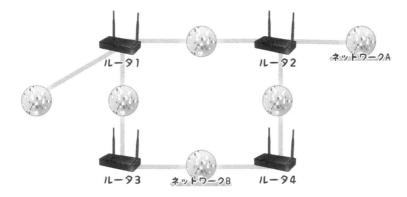

図4.9 ディスタンスベクタ型

　ディスタンスベクタ型の長所は、経路計算が比較的簡単なことです。方向と距離という2つの要素しか使わないので、ルータにあまり負荷をかけません。

　しかし、その一方でパケットの到達時間というのは、距離だけに左右されるわけではありません。途中で経由するルータの処理能力が低かったり、ネットワークが混雑していて遅かったりと、他にもいろいろな要因が複雑に絡み合っています。ディスタンスベクタ型の計算方法はこれらの要素をまったく考慮しないため、場合によってはあまり速くない経路を選んでしまう可能性があります。

　自分が郵便配達をする時のことを考えても、単純に距離だけで集配ルートを決めることはないと思います。

A　道のりは1kmだが、せまくて暗くて熊が出て泥道
B　道のりは3kmだが、ひろくて綺麗で安全で舗装道路

　ほとんどの人が迷わずBの道を選ぶと思います。そのほうがたとえ道のりは遠くても結果的に早く、安全に配送できるでしょう。では、こうした知恵をどのようにコンピュータ上に実装できるでしょうか。

リンクステート型

　リンクステート型は、ディスタンスベクタ型の欠点を補うための経路計

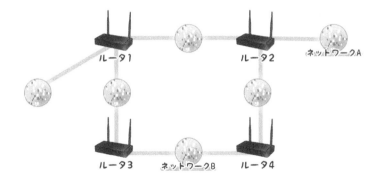

単純化したトポロジ情報

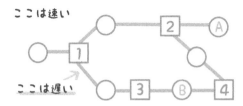

ここは速い

ここは遅い

図4.10 リンクステート型

算アルゴリズム（処理手順）です。リンク（接続）のステート（状態）とあるように、他のルータとリンクに関する情報を共有して、そのネットワークの構成を把握したうえで計算を行うやり方です。

　ディスタンスベクタ型が方向と距離でしか世界を捉えていなかったのに対して、リンクステート型は世界そのものの形を知っています。具体的には、実際のネットワーク構成を単純化したトポロジ（接続形態）情報をデータとして蓄積するのです。

　このトポロジ情報には、ネットワーク構成だけでなく、「この回線はすごく遅いので時間がかかる」、「このルータは現在返事がなく、故障中の可能性が高い」など通信に関わるいろいろな要素も付記されています。

　図4.10 の例で考えてみると、ルータ1がネットワークBへの経路を選択するとき、ディスタンスベクタ型であればルータ3を選びますが、リンクステート型の場合はルータ3への回線が遅いことを知っているので、距離は遠くてもルータ2を選択する可能性があります。

このように、リンクステート型のほうがよりネットワークの実情に基づいた最適な経路を選択できる可能性が高くなります。しかし、同時に扱う情報が大きくなるので、ルータの処理負荷やその情報をやり取りするネットワークへの負荷が大きくなる欠点があります。

RIP

ここまでの説明だけではピンとこないかもしれませんので、**図4.11**で実際にダイナミックルーティングが行われる過程を見てみましょう。

最初に見ていくのは **RIP**（**ルーティングインフォメーションプロトコル**）というものです。ディスタンスベクタ型の考え方を採用したルーティングプロトコルは多数ありますが、一番ポピュラーなのが RIP です。

まずルータ C に注目してください。ルータ C がネットワーク 172.20.0.0 への行き方を知っていると仮定します。これは他のルータに教えてもらったのかもしれませんし、初期設定時に管理者が手入力したのかもしれません。

RIP 対応ルータは自動的に経路選択を行うために、この情報を他のルータにも教えてあげようとします。具体的には、ルーティングテーブルを接続しているネットワークに向けてブロードキャストで**アドバタイズ**（**広告**）します（**図4.12**）。

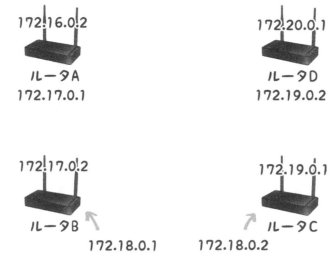

図4.11 シミュレーション用ネットワーク

ブロードキャストですから、ルータCに直接接続されているルータがあれば、必ず着信することになります。ただし、ルータはブロードキャストドメインを分割するので、ルータCと間接的にしかつながっていないルータにはこのアドバタイズは届きません。また、ルートは常に更新される可能性があるため、アドバタイズは30秒間隔で行われます。

　ルータBはブロードキャストを受け取って、自分のルーティングテーブルと比較します。すると、今まで知らなかったネットワーク172.20.0.0への行き方が載っています！　そこで、この情報を自分のルーティングテーブルに追加するのです。

　ただし、ここでは再計算が行われます。ルータCの情報をそのまま記載すると、「ルータD方向」となりますが、ルータBはルータDと直接つながっていないため、「ルータC方向」と書き換えます。また、ホップ数も1つ加算しなくてはなりません。教えてもらった、「ホップ数2」という情報はルータCから見た状態だからです。

　一方、同じ情報を受け取ったルータDも自分のルーティングテーブルと比較を行います。しかし、ルータDはすでに172.20.0.0に至る経路を知っていますし、何より自分に直接つながっているネットワークですから、ダ

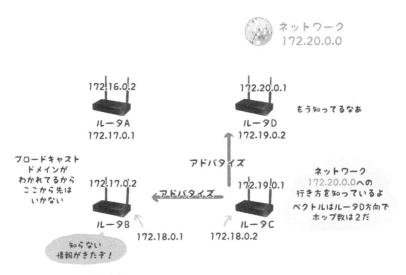

図4.12　RIPの動き①

イレクトに送信する以上の経路があるはずがありません。したがって、ルータ D はルータ C のアドバタイズを無視します。

　このままではルータ A が蚊帳の外ですが、ルータ B もまた 30 秒おきにアドバタイズを行うので、いずれはルータ A にも同じ情報が届きます。こうして、じわじわと経路情報が伝播していくのです。

　RIP は経路の追加を行うだけではありません。場合によってはルータの故障などにより、使えなくなったルートが出てきます。これをきちんと消去してやることも信頼性のある通信のためには不可欠です。RIP では、ルータの故障を判定するためにアドバタイズされなくなったネットワークについては、300 秒間待ったうえで経路情報を抹消します。一時的なメンテナンスなどであれば、300 秒の間に復旧するだろうという判断です。この抹消の事実も、アドバタイズの連鎖によりネットワークのすみずみまで伝播していきます（**図 4.13**）。

　RIP はシンプルな動作で搭載しやすいため、かなり廉価なルータにも機能が搭載されています。欠点は 30 秒ごとにルーティングテーブル全体を

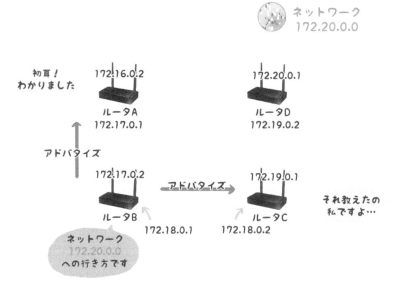

図4.13　RIPの動き②

ブロードキャストするため、ルーティングテーブルが持つ情報量が小さい割にはネットワークに負担をかけることです。

OSPF

RIPがディスタンスベクタ型の代表なら、**OSPF（オープンショーテストパスファースト）**はリンクステート型の代表的な技術です。

実際に経路計算をさせてみましょう。**図4.14**のルータ1からネットワークBへの経路はルータ2と3があります。RIPであれば、ルータ2を距離3、ルータ3を距離2としてルータ3を選択します。しかし、OSPFでは距離に転送速度なども含めた**コスト**という概念を導入することで、さらにいろいろな要素を勘案するようになっています。

図4.14の各経路にはさまざまな回線速度が混在しています。OSPFでは速い回線のコストを小さく設定します。1Gbpsの回線を仮に10としましょう。相対的なコストの算出は管理者の判断によりますが、通信速度に反比例させて100Mbpsを100、10Mbpsを1000と設定しておきましょう。すると、ルータ2を使う上ルートは中継するどのネットワークも速いのでコストは210になります。一方、ルータ3を使う下ルートは、ホップ数は小さいものの遅い部分があるのでコストは1100に跳ね上がります（**図4.15**）。OSPFでは双方を比較してコストの小さいルートを選ぶので、ルータ2の経路を選択することになります。

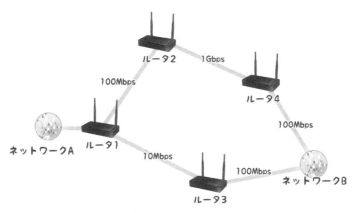

図4.14 OSPFによる経路計算

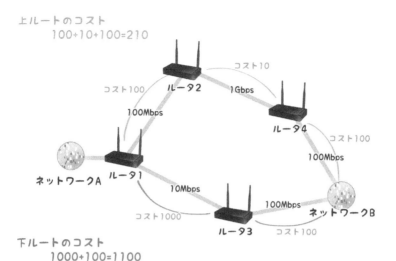

図4.15　コスト

OSPFルータの動き

　OSPFで扱うリンクステート情報は、トポロジ情報やコスト情報などを含むため、RIP対応ルータがやり取りする情報と比較してサイズがとても大きくなります。RIPでさえ、アドバタイズがネットワークに与える負担を意識しなければならなかったのに、OSPFでリンクステート情報をやり取りしたらそれ以上です。

　そこで、OSPFではやり取りする情報をいくつかに分けます（**図4.16**）。

　最初に送られるのが **Hello パケット**で、ルータ同士が情報交換をできる関係にあることを確認するための情報が入っています。Helloパケットが送られてくることで、他のルータは「あいつは生きて動いているぞ」ということが分かります。RIPでは、ルーティングテーブルのアドバタイズでこれを判断していたのですが、単に正常稼働を確認するのであればわざわざルーティングテーブルを送る必要はありません。

　Helloパケットは10秒おきに送信され、40秒間Helloパケットが途切れると、そのルータは稼働を停止したと判断されます。

　トポロジ情報の交換は、**データベース記述パケット**を送信することから

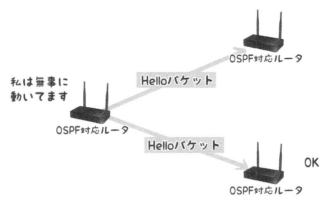

図4.16 Helloパケット

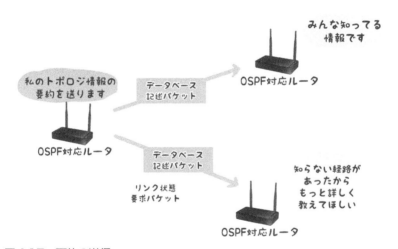

図4.17 要約の送信

始まります。このパケットには自分の持っている情報の要約が記載されています。トポロジ情報全体を送るとネットワークを圧迫するので、最初は要約だけを送るのです。

　データベース記述パケットを受信したルータは、自分のルーティングテーブルと比較して新しい情報がないか検索します。もし新しい経路が見つかった場合は、**リンク状態要求パケット**を返信して必要なトポロジ情報を送ってもらいます（**図4.17**）。

　要求を受け取ったルータは、**リンク状態更新パケット**というものに詳細

図4.18　詳細情報の送信

なトポロジ情報を載せて送信します。このパケットにはトポロジ情報が記載されるので、どうしてもサイズは大きくなります。しかし、ここまでの流れを見て分かるように、リンク状態更新パケットは必要なときだけ、つまりネットワークの更新などが生じた場合だけ、やり取りされます。これは高い頻度では起こりません（**図4.18**）。

　また、リンク状態更新パケットは要求のあったルータにのみ送信するので、一般的な**ユニキャスト**（1対1の通信のこと。ブロードキャストの対義語）で行われます。ブロードキャストを使って経路情報をアドバタイズRIPとは違って、ルーティングテーブルが情報量が大きい割には、他のルータやネットワークに対して悪影響を与えません。

4.4　プライベートアドレス
インターネットの内線番号

IPアドレスが足りない

　ここから先は少しIPアドレスのおさらいをします。IPアドレスはすでに第2章で説明しましたが、ここではルータの動作に絡めて少し高度な使い方を学びます。

図4.19 抜本的な解決策

　IP アドレスの枯渇問題にはすでに触れました。現在主に使われている IP バージョン 4 (IPv4) では、アドレスを 2 進数 32 桁で表すのが絶対条件になっています。すなわち、作れるアドレスの最大数が決まっているということです。住所のように、どんどんアドレスを長くして新しいものを作れればよいのですが、世の中の通信機器はみんな「32 桁のアドレス」を前提に作られているので、これは不可能です。

　こうなると、今や IP アドレスは石油と同じで有限の資源であることが分かります（**図4.19**）。枯渇問題の先輩であるエネルギー業界はどんな手を打ったでしょうか。1つには石油に変わる次世代の燃料を探しています。安全性の高い核融合炉や高効率の太陽電池などが実用化されたら、エネルギー源の枯渇はまぬがれそうです。これは抜本的な解決方法です。

抜本的な解決方法

　しかし、抜本的な解決策というものはなかなか採用するのが難しいものです。核融合炉でスクーターが動き始めるのを待っていても、おそらく生きている間は無理でしょう。

　それと同様に、新 IP アドレスも今すぐそれだけを使うわけにはいきません。核融合炉に比べれば簡単に開発できそうですが、携帯電話の番号が10 桁から 11 桁に変わったときでさえ、結構準備も大変でしたし混乱もしたものです。さほどの変更でなく、「いっせーのせ」で変更できる日本国内の携帯電話で騒ぎになるのですから、世界中のコンピュータがぶらさがっているインターネットでは未曾有の大混乱が予想されます。

　利用できるアドレス空間を増やした **IP バージョン 6 (IPv6)** はすでに

図4.20 IPv6

規格化され、多くの機器が対応しています（**図4.20**）。しかし、あまり目にしたことはないと思います。普及が進んでいないのは、これだけ世界に浸透してしまったIPv4の機器を「20xx年yy月zz日をもってIPv6用機器に全とっかえしてください」とはいえないからです。それは無理があります。

　現在では、IPv6とIPv4を共存させるための技術が発展しており、今までのインターネットに悪影響を与えないようにしつつ、じわじわIPv6を広めていく戦略がとられています。

　IPv6では2進数128桁のアドレス空間があるので、約43億の4乗というぼう大なアドレスが使えます（32桁→128桁で4倍だからといって、43億の4倍ではありません）。これは現時点の感覚では、ほぼ無限といってもよい値です。どのくらいすごい数かというと、現在地球上にいるすべての人が5万台以上パソコンを持っても、まだあまるほどアドレスがあります。楽しみな技術ですが、それだけに切り換えられるのは、まだ先になりそうです。

プライベートアドレス

　そこで、場当たりというととても語感が悪いですが、「今ある資源を最大限に活用して延命措置をはかろう」という考え方があります。けちけち使うわけです。

「今ある資源」とは、上限が43億弱と決まっている現行のIPアドレスのことです。MAXが決まっているものを「節約してやりくりする」わけですから、「使い回し」をするしかありません。この「使い回しをするための特殊なIPアドレス」を**プライベートアドレス**といいます。

IPを学び始めると最初の段階で、「アドレスはとにかく一意」、「重複は許されない」とたたき込まれます。それがここへ来て「使い回し？」という感じですが、そうしなければならないほどIPアドレスは足りないのです。

ふつうに考えれば、IPに限らず通信におけるアドレスの重複は許されません（**図4.21**）。配達を担当する人やシステムが、重複したアドレスを持つどのノードに送っていいか判断できなくなってしまうからです。それを理解したうえで、でも「やりくりのためにアドレスを重複させよう」ということで作られたのがプライベートアドレスなのです。したがって、プライベートアドレスは2つの条件を満たす必要があります。

● **IPアドレスは重複する**
● **でも伝送システムは困らない**

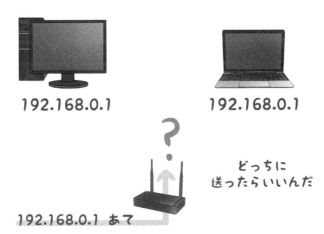

図4.21 IPアドレスの重複

同じ１８番でも
違うチームだから 大丈夫

図4.22 重複が許されるケース

　かなりきつい条件のようですが、次の経験則が開発のヒントになったと
いわれています。

　「ある組織で発生する通信の大半は、その組織内で完結する」

　ここでは大半となっていますが、仮にこれが全部だったとしたらどうで
しょう。外の世界とつなげる必要がなくなってしまいます。それは、通信
相手になる可能性があるノードは社内のものだけということです。その場
合には、外の世界とつなげる必要がなくなります。

　「アドレスは絶対に重複してはいけない」というのは、通信が発生する
可能性のある相手についての役割です。通信の可能性がない相手にまで気
をつかうことはありません（**図4.22**）。

プライベートアドレスを使う範囲が重要

　ということは、「通信のほとんどは社内同士だ」→「社内としかつなが
らないネットワークにしてしまえ」→「他の会社と重複するIPアドレスで大
丈夫だ」という論法が成り立ちます。

　社内だけで行う通信ならそもそもIPアドレスにしなくてもいいので
は？　という疑問を持たれた方もいると思います。その通りです。自分た
ちだけで行う通信にどんなプロトコルを使おうが、自分たちの勝手です。
あまり使われていないプロトコルを敢えて採用して、クラッカに狙われに
くくしている組織もあるくらいです。

ただ、組織がある程度大きくなってくると組織内でもネットワーク分割が必要になってくること、IPが非常に普及しているせいでIP対応の通信機器が安いこと、将来的にもしインターネットを使う必要が出てきた場合に入れ替えが面倒なこと、といった理由から、現時点でインターネットを使用していなくても、プロトコルはIPを採用するのが妥当でしょう（**イントラネット**といいます）。

　しかし、ここで注意が必要です。それは以下の2点です。

●社内ではIPアドレスが一意になる必要がある
●公共のネットワークであるインターネットとは、プライベートアドレスでは絶対に通信しない

　社内のノード同士では通信するのですから、少なくとも、社内でアドレスを一意に保つことは必要です。通信しない他の会社のアドレスとは重複して構いませんが、社内では駄目です。

　また、プライベートアドレスはあくまで組織内に限って使うことを許されたIPアドレスです。いろいろなユーザが使うインターネットにプライベートアドレスのノードから通信してはいけません。

　社内ではプライベートアドレスを重複をしないようにできますが、インターネットではそのような調整をうまく行うことは不可能です。いつかは必ずアドレスの重複が起こります（**図4.23**）。

　その場合、インターネットの通信が大混乱に陥ってしまうかもしれません。プライベートアドレスを割り振ったノードでは別のネットワークに接続しないのは最低限のルールです。

プライベートアドレスの範囲の取り決め

　自分のネットワークで責任を持って動かす限りはプライベートアドレスとして、何を割り振っても構いません。IPアドレスの仕様に則っていれば、どんなアドレスを設定しても通信機器は動くはずです。

　しかし、やみくもにアドレスを設定していると、自分が管理しているネットワークの中でどれがプライベートアドレスで、どれがきちんとしたIPアドレス（プライベートアドレスに対して**グローバルアドレス**と呼ばれ

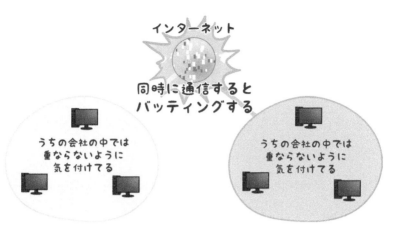

図4.23 プライベートアドレスを使える範囲

この範囲のIPアドレスが
設定されていれば
プライベートアドレス

クラスA用	10.0.0.0 ～ 10.255.255.255
クラスB用	172.16.0.0 ～ 172.31.255.255
クラスC用	192.168.0.0 ～ 192.168.255.255

図4.24 プライベートアドレスの範囲

ます）なのか分からなくなってしまう可能性があります。

　また、万一インターネットに対してプライベートアドレスで通信してしまった場合でも、そのアドレスがプライベートアドレスとして利用されていることが分かっていれば、周りの人たちを混乱させずにすみます。

　したがって、プライベートアドレスを利用する場合は、必ず**図4.24**に定められた範囲のアドレスから設定することが決められています。

Windowsで使われる自動設定は？

　WindowsではDHCP（後述）を使ってもアドレスが適切に設定されなかった場合、**APIPA**という機構が働いて169.254.x.x（xは任意。サブネットマスクは255.255.0.0）というアドレスを自動的に割り当てます（**図**

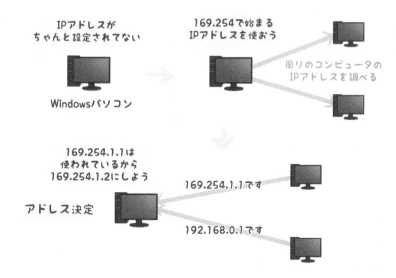

図4.25 APIPA

4.25）。

　これはプライベートアドレスを自動的に設定する便利な機能ですが、インターネットには接続できないので注意が必要です。ルータはこのアドレスからのパケットを中継しません。うまく設定ができなかった場合の緊急避難的な技術です。

4.5 プライベートアドレスの活用
そうはいっても、内線番号だけでは使いものにならない

グローバルアドレス

　プライベートアドレスは、通信の特性を利用したIPアドレスの節約方法でした。しかし、仕事にしろプライベートにしろインターネットを利用するシーンはとても多くなっています。その場合はどうやってグローバルアドレスと使い分ければよいのでしょうか。

　インターネットに接続する場合、プライベートアドレスが利用できない

のは先に説明した通りです。インターネットを使うためには、一意性が世界的に保証されている**グローバルアドレス**を使わなくてはなりません。

　基本的にノード1台に1つのIPアドレスですから、普段自分が使っているパソコンにプライベートアドレスが設定されているとすると、インターネットを使うためにはグローバルアドレスを持った別のパソコンを用意する必要があります（**図4.26**）。

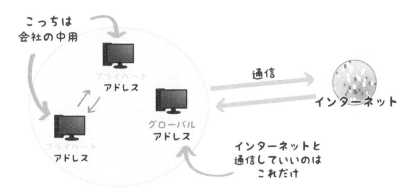

図4.26　アドレスの使い分け

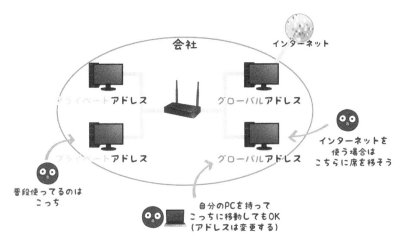

図4.27　異なるアドレスを運用する

図 4.27 の方法がおそらく一番シンプルな運用方法です。プライベート
アドレスとグローバルアドレスでネットワークを分離し、通常のユーザは
プライベートネットワークで仕事します。インターネット利用が必要な場
合は、グローバルアドレスが与えられたパソコンがある席に移動したり、
ノートパソコンを持ってグローバルアドレスのネットワークに移動したり
します（その場合、ノートパソコンのアドレスはグローバルアドレスに変
更しなければなりません）。

　インターネットを使った通信がたまにしか発生しないのであれば、「不
便だねぇ」と笑い話ですむかもしれませんが、頻繁にインターネットを使
う環境では仕事にならないかもしれません。いくら IP アドレスを節約す
ることができても、作業効率が低下したのでは本末転倒です。インター
ネット利用は増大する一方なので、席替え以外の何らかの対策が必要です。

NAT

　そこで開発された技術が **NAT（ネットワークアドレストランスレー
ション）** です。NAT はアドレス変換をすることで、プライベートアドレ
スを設定したコンピュータが（見かけ上）直接インターネットと通信する
技術です。

　NAT 機能に対応したルータには、グローバルアドレスをいくつかあら
かじめ設定しておきます。インターネットへの通信要求をしたプライベー
トアドレスを持つコンピュータにこれを貸し出すことで、ユーザは特に設
定を変更したりすることなく（これを、エンジニアはよく「**透過的な**」と
いいます）通信を行うことができます（**図 4.28**）。

　実際に NAT の動きを見ていきましょう。**図 4.29** では、プライベートア
ドレス a を持ったパソコンがインターネットへの通信を要求しています。
ネットワークが異なりますから、必ずルータを中継するはずです。この段
階では IP ヘッダに記載される送信元 IP アドレスにはプライベートアドレ
ス a が埋め込まれています。

　プライベートアドレス a のままではインターネットとの通信はできない
ので、NAT 対応ルータは IP ヘッダの送信元アドレス部分をグローバルア
ドレスに変更してしまいます。変更するグローバルアドレスはあらかじめ

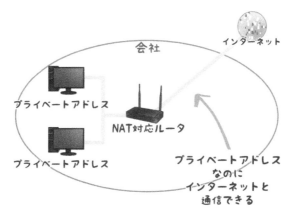

図4.28 NAT

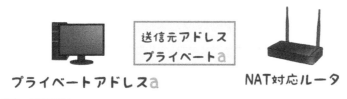

図4.29 送信開始

ルータに設定したもののなかから、空いているアドレスを任意に選びます（**図4.30**）。

「空いている」、「空いていない」と区別するのは、貸し出すグローバルアドレスはプライベートアドレスと1対1の関係にしておく必要があるからです。ここでも、グローバルアドレスxはプライベートアドレスaに貸し出したので、利用が終了して返却されるまで、アドレス変換テーブルにその旨を記録して他のコンピュータには貸し出さないようにしています。

NATへの返信

さて、送信元アドレスがグローバルアドレスxに変換されたパケットは無事インターネットに転送されていきます。きちんとしたアドレスに書き換えられているので、問題なく目的コンピュータまで届くでしょう。

そのパケットを受け取ったコンピュータも、通常の通信と同様の処理を行って返信パケットを送ってきます。このとき、返信パケットのあて先IP

図4.30　アドレスの変換

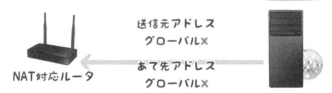

図4.31　インターネット側での処理

アドレスはグローバルアドレス x になります（**図 4.31**）。

　グローバルアドレス x あてのパケットは NAT 処理をしたルータに返ってきます。通常の手順であれば、これを内側のネットワークに中継するのですが、グローバルアドレス x には最終目的地となるパソコンなどの実体がありません（**図 4.32**）。

　そこで、送信時だけでなく受信時にもアドレス変換処理が必要です。

　どのグローバルアドレスをどのプライベートアドレスと結びつけ、貸し

グローバルアドレスx
というPCは
実在しない

図4.32 変換したアドレスには実体がない

図4.33 アドレスの再変換

出したかは、アドレス変換テーブルに記憶しておいたので、ここを参照します。こうして、今着信したパケットのあて先IPアドレス「グローバルアドレスx」は「プライベートアドレスa」に貸したものであることが分かります。

　NAT対応ルータはIPヘッダのあて先IPアドレスフィールドをプライベートアドレスaに書き換えます（**図4.33**）。

あて先アドレス
プライベートa

あて先アドレス
グローバルX

NAT対応ルータ

プライベートアドレスa
というPCは
実際に存在してる

図4.34　プライベートアドレスノードへの着信

　NATはこのようにして、プライベートアドレスが与えられたコンピュータからでも透過的にインターネットを使えるようにします（**図4.34**）。

NATの弱点

　NATは「アドレスを節約しつつ」、「利便性は落とさないようにする」という背反する要求をうまくさばいてくれる便利な技術ですが、やはりグローバルアドレスを直接使っている状態に比べれば、いろいろ不便なことが出てくる点は否めません。

　たとえば、クラッカに自分のふりをされて嘘の通信を送られたらたまりません。それを防ぐために用途によって一部のソフトなどでは、**図4.35**のような方法を取る場合があります。

　通信の秘密を守るためには暗号化（p. 187）を使うのが一般的ですが、ヘッダ情報は途中の通信機器に処理してもらう必要があるため暗号化できません。そこで、ヘッダ情報とは別に送信元IPアドレスを暗号化してデータの部分に埋め込みます。

　あて先のコンピュータはこの通信を受け取った後に、暗号化された送信元IPアドレスを復号（暗号解読）します。

　そして、ヘッダの送信元IPアドレスと復号された送信元IPアドレスが同じであること（つまり、誰かによって手を加えられたデータではないこと）を確認してから、データの処理を始めます。

　では、これをNATルータが中継した場合はどうなるでしょう。

　最初にパケットを埋め込まれる送信元IPアドレスはプライベートアド

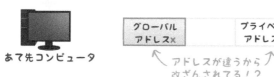

図4.35 アドレスチェックが正しく働かない

レス a です。それを外部ネットワークに向けて送信すると、途中の NAT 対応ルータがヘッダの送信元 IP アドレスをプライベート a からグローバル x に変更して送り出します。

　あて先コンピュータでペイロードから復号された送信元 IP アドレスはプライベート a です。これは送信中は暗号文になっていたので、誰かが書き換えたりすることは不可能です。これを実際にヘッダが示している送信元 IP アドレスと比較します。

　すると、ヘッダの送信元 IP アドレスはグローバル x であり、チェック用に暗号化されて埋め込まれていたアドレスと違っていることが分かります。

　これは NAT 対応ルータが行った正規の処理で、悪意を持ったクラッカが行ったのではありません。しかし、受信したコンピュータにはそれは判断できないため、通信を破棄してしまうのです。

アドレス節約の制限

　NAT ではプライベートアドレスとグローバルアドレスは 1 対 1 で対応しています。複数のプライベートアドレスに 1 つのグローバルアドレスを割り当てたら、返信時に誰への返信か特定できなくなるからです。

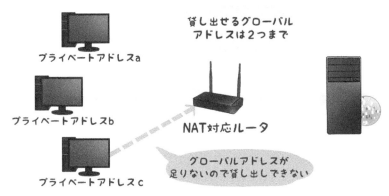

図4.36 貸し出し数の最大値

　しかし、この方法ではストックしているグローバルアドレスの最大数を超えてアドレスを貸し出すことは不可能です。たとえば、グローバルアドレスを2つしか持っていないのであれば、同時にインターネットを利用できるのは2台のコンピュータだけで、3台目のコンピュータはアドレスが空くまで待たされることになります（**図4.36**）。

　すると、NATはインターネットがあまり利用されていない環境ではとても有効に機能しますが、コンピュータを使っている人全員がひっきりなしにインターネット接続しているような環境では、あまりアドレスの節約にならない可能性があります。

　もともとが「組織内の通信の大半は、組織内で完結する」という例の経験則から考えられた方式なので仕方がないのですが、インターネット接続の比重がとても増している現代では、もう少し効率のいいアドレス変換方法が求められました。

IP マスカレード

　NATの欠点を受けて、NATを拡張するものとして開発されたのが**IPマスカレード**（**NAPT**）です。とてもよく普及したため、現状では単にNATと書かれていても、IPマスカレードを指していることが多いです。

　IPマスカレードの最大の特徴は、変換後に用いるグローバルアドレスが1つしかなくても、複数のコンピュータを並行して通信させられることで

す（**図 4.37**）。この状態が実現できるのであれば、組織のコンピュータが
どんなに数を増やしていっても、用意するグローバルアドレスは 1 つです
むことになります。特に個人向けのインターネット接続サービスでは、ア
ドレスが 1 つしかもらえないのが普通ですが（そのたった 1 つもキャリア
内のプライベートアドレスである場合がほとんどです）、スマホの Wi-Fi
接続などで複数のアドレスを使う家庭も増えています。家庭向けのルータ
の多くには IP マスカレード機能が搭載されています。

　IP マスカレードでは、ポート番号も併用してアドレス変換を行うことで
アドレスの水増しを行っています。アドレスだけでなくポート番号も変え
てしまうわけです。ポート番号が違う通信は、同じノードから発信されて
いても別の通信だと判断される、というわけです。

　図 4.38 では IP ヘッダの送信元を「プライベートアドレス a」から「グ
ローバルアドレス x」に変えたと同時に、TCP ヘッダ（もしくは UDP
ヘッダ）の送信元ポート番号も 2000 番に変更しています。

違うノードには違うポート番号

　次に、プライベートアドレス b のコンピュータも通信を要求してきまし
た。すでに 1 個しかないグローバルアドレス x は a のコンピュータに貸し
出してしまっているのですが、IP マスカレードでは気にせずどんどん貸し

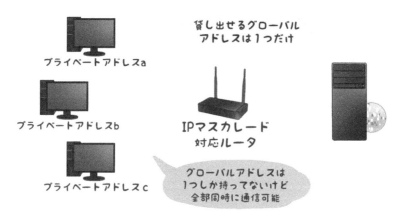

図4.37　IPマスカレード

出しを行います。

　ただ、やみくもに貸し出すと、プライベートアドレスaを持つコンピュータか、プライベートアドレスbを持つコンピュータか区別がつかなくなりますから、送信元ポート番号を先ほどとは違う 3000 番に設定します。

　さて、プライベートアドレス a からの通信を受け取ったコンピュータは、ヘッダの情報を読んで素直に「グローバル x のコンピュータがポート 2000 番を使って通信してきた」と解釈します。返信はそこに対して行われます（**図 4.39**）。

　返信されてきたパケットを受け取ったルータは、ヘッダ情報を確認します。IP ヘッダを見ると、あて先がグローバル x になっているので変換処理が必要なことが分かります。しかしグローバル x はコンピュータ a にも b にも貸し出しているので、TCP（UDP）ヘッダも確認しなければなりません。ポート番号は 2000 番になっているので、アドレス変換テーブルを確認すると、プライベート a のコンピュータに対してポート番号 2000 番を割り振っていたことが分かります。それに従って、あて先 IP アドレスを「プライベート a」に書き換えて、内部ネットワークに転送します（**図 4.40**）。プライベート b の通信も同様に処理されて、b あての返信が届くことになります。

図4.38　アドレス変換にはポート番号も使う

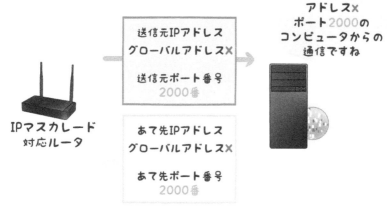

図4.39 インターネット側での処理

図4.40 IPマスカレードでの再変換

アドレス変換はセキュリティ向上にも役立つ

　ここまでアドレス変換をIPアドレス節約の視点でのみ見てきましたが、アドレス変換はセキュリティを強化することにも寄与します。現在では両方の理由から多くの組織がIPマスカレードを利用しています。

　IPアドレスが分かれば、クラッカはそのアドレスのノードを攻撃することができます。特定のコンピュータのアドレスが分からなくても、可能性

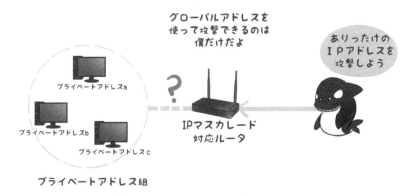

図4.41 アドレス変換によるセキュリティ向上

のある範囲のアドレスを全部攻撃することも可能です。

　しかし、アドレス変換が行われている場合は、クラッカには変換後のアドレスのことは分かりません。結果としてクラッカが認識できるのはルータまでで、その先にあるコンピュータの存在やそのアドレスを知ることも、攻撃することもできないことになります（**図4.41**）。

　もちろん、ルータがクラッカからの攻撃用通信をあっさりアドレス変換してしまったり、ルータそのものがクラッキングされてしまえば話は別ですが、あやしい通信はアドレス変換せずに破棄することなどでセキュリティ強度を上げることができます。

第 **5** 章

映画館のもぎりで
セキュリティを知る

ファイアウォールのしくみ

セキュリティの基本は「鬼は外・福は内」です。
この章では、インターネットでは何をもって外
と内をわけ、どんなやり方で外から内、内から
外へ、入ったり出たりする通信を制御している
のかを見ていきましょう。外と内とが交流する
ときには、江戸時代の出島がそうであったよ
うに、単純に外とも内とも言い切れない緩衝
地帯があるとうまくいくことがあります。イン
ターネットで緩衝地帯を構成する方法について
も説明します。

5.1 フィルタリング
出入りするものを、ふるいにかける

入って欲しくない人もいる

　野良猫のエサ場やクラス内の派閥まで、世の中にはなわばりがたくさんあります。これは必ずしも悪いことではありません。なわばりがあるからこそ、そのなわばりのメンバーはなわばり内でリラックスすることができるのです。

　なわばりの中で安心して過ごすためには、部外者には中に入ってきて欲しくありません。部外者の排除方法にはいろいろあります。映画やイベントの「チケット」などもその一例です（**図 5.1**）。

　コンピュータネットワークでも、同じような考え方が採用されています。世の中にはたくさんのネットワークがあります。いろいろなネットワークに接続することはとても便利ですが、逆にネットワークの中にどんな人が潜んでいるか分からないという怖さもともないます。インターネットなどは特に定まった参加資格もないため、その最たる例だといえます。

図5.1　チケットフィルタリング

あるいは相手のネットワークの立場に立てば、自分のネットワークこそがよく分からなくてこわい、と認識されているかもしれません。お互いに疑心暗鬼になるわけです。こうした環境で安心してネットワークを使うためにはどうしたらよいでしょうか。

●性善説の立場をとる

性善説とは「世の中には根っからの悪人はいないよ」という考えです。こうした世界が訪れたら、すべてのネットワークと自分のネットワークを無条件で結べます。しかし、現状でこれをやると、ものの数秒でクラッカの攻撃にあうことになりかねません。

●ネットワークを使わない

ネットワークを使わないのは、極端なやり方に思えますが、安全の守り方としては合理的です。つながっていなければ、誰も侵入することはできません。現に高度なセキュリティを要求される金融機関のシステムなどは、外部とのネットワーク接続を許可していないものがあります。

過去にそうした接続形態（接続していませんが）を**イソターネット**（「孤立させる」という意味の isolate とインターネットを組み合わせた造語）と呼んだことがありました（**図5.2**）。ただ、ネットワーク接続による

図5.2 イソターネット

すべての利便性を失ってしまうので、一般的にはなかなか採用しづらい方法です。

選択的に接続する

そこで採用されるのが「選択的に接続を許可する」というやり方です。先ほどのチケットの例と同じ考え方ですが、ネットワークの世界ではこれを**フィルタリング**と呼びます。

「ふるい」といってもいいでしょう。郵便だって、あやしげな人から手紙が来たら受け取り拒否ができます。糸電話であれば見える範囲に通話相手がいますから、相手によって「あいつの話は聞きたくない」「彼の話は聞いてもいいかな」というふうにフィルタリングすることができます。もちろん、ここでいうフィルタリングとは、紙コップを耳から離してしまう、ということですから、「あいつ」のいっていることはたとえいいことでもまったく聞こえなくなります。ちょっと目の粗いふるいですね。

コンピュータネットワークでは、もう少しきめの細かいふるいが必要です。また、相手が見えませんので、ふるいの作り方にも工夫が必要です。どんなふうになっているのか、見ていきましょう。

フィルタリング機能はブリッジやルータなど、多くの通信機器が持っています。フィルタリングを専門に行う**ファイアウォール**という装置もあります（**図5.3**）。ファイアウォールとは字義的には防火壁のことで、火災における防火壁同様、自分のネットワークの中に危険を侵入させないように目を光らせるのが仕事になります。

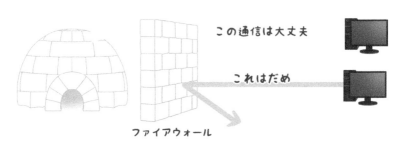

図5.3 ファイアウォール

アウトバウンドトラフィックとインバウンドトラフィック

　ファイアウォールの機能を理解するためには、通信の方向をまず理解しておくことが重要です。自分のネットワークに入ってこようとする通信を**インバウンドトラフィック**、出て行こうとする通信を**アウトバウンドトラフィック**といいます。従来、アウトバウンドトラフィックはフィルタリングにおいてあまり重視されていませんでした。出て行く通信によって内部ネットワークが攻撃されることはないからです。

　映画館でも入るときにはチケットを見せますが、出て行くときにはそんなことはしません。勝手に出られても映画館に不利益は生じないからです。ただし、近年では個人情報の流出が社会問題になっており、そうした流出事故・事件を防ぐためにアウトバウンドトラフィックについてもフィルタリングを行うのが一般化しています。

　反対にインバウンドトラフィックは、外側から入ってくる通信です。これはよく知らないところから、守るべきネットワークに送られてくる通信ですから細心の注意を払ってチェックしなければなりません（**図5.4**）。

　どんな通信なら入れてあげるのか、あげないのかは、きちんと**ルール**化する必要があります。ファイアウォールもコンピュータであり、曖昧な判断はできないので基準を明確にしなければならないからです。このルール

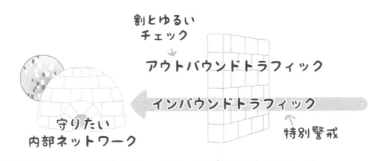

図5.4　アウトバウンドトラフィックとインバウンドトラフィック

のことを**フィルタリングルール**と呼び、フィルタリングを行うファイアウォールやルータには必ず設定されています。

　フィルタリングルールをうまく作らないと、せっかくファイアウォールを導入しても何の役にも立たないことがあります。そのため、フィルタリングルールにはいくつか代表的な作り方が存在します。

通信制御のルールを作る

　通信を遮断するパターンを登録しそれに合致しない通信はすべて通してあげるやり方を、**ブラックリスト**方式といいます。

　明確に「これだけは通したくない」という通信がある場合に向いています。それ以外の通信はなんでも通してあげるので、「フィルタリングのせいでうまくつながらない」という事態が起こりにくいメリットがあります。接続性という意味では便利ですが、よく分からない通信を許可してしまう怖さがあります。

　ブラックリストを作る方法の対極に位置するのが、**ホワイトリスト**を作る方法です。この場合、通信は原則禁止になります。その上で特別に許可したい通信のリストを作ってやり、それに合致するものだけが内部ネットワークに入ってくることができます。とにかく最初に「遮断ありき」なので、セキュリティは強固になります。

　この場合、設定を間違えたり忘れたりすると、必要な通信がつながらなくなってしまうデメリットがあります。ブラックリスト方式だと、「設定間違い＝侵入を許してしまう」ことになりますが、ホワイトリスト方式では、「設定間違い＝必要な通信ができなくなる」を意味します。どちらがセキュリティ上より安全かといえばホワイトリスト方式です。フィルタリングルールを作成する場合は、可能であればホワイトリスト方式を用いるくせをつけましょう。

5.3 トラフィック制御の仕方

何を使って、「怪しい通信」を見分ける?

基本は IP アドレス

相手が人間であれば、「12 月生まれの方は進んでください」などのフィルタリングルールが考えられますが、コンピュータの場合は何を根拠に通信の許可・不許可を判断するのでしょうか。判断をするためには判断根拠が必要です。いくつかポピュラーな判断根拠を見てみましょう。ここまでで説明してきたものばかりです。

ここでも基本は IP アドレスです。ある IP アドレスを指定して、「ここからの通信は許可する」、「それ以外は駄目」というふうにルールをつくります。

IP アドレスとは、「ノードを一意に識別するためのアドレス」でした。したがって、IP アドレスによってフィルタリングをする場合、許可・不許可の単位はコンピュータになります。「あのコンピュータの通信は許可」、「それ以外は不許可」という具合です (**図 5.5**)。

IP アドレスは OSI 基本参照モデルの第 3 層 (ネットワーク層) に位置する情報ですから、ネットワーク層の情報を扱える機器であれば IP アドレスによるフィルタリングを行うことができます。実際に、ルータはこの機

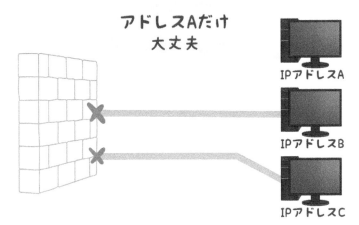

図5.5 IPアドレスによるフィルタリング

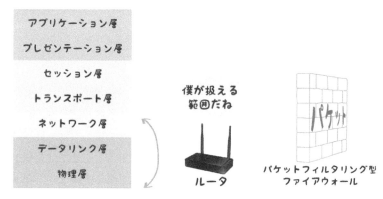

図5.6 IPアドレスでフィルタリングする機器

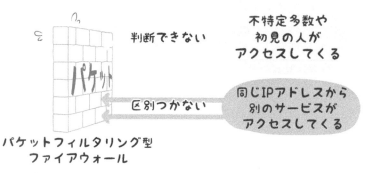

図5.7 パケットフィルタリング型でできないこと

能を持っているのでファイアウォールとして代用することができます。専用のファイアウォールの場合は、このレベルで動作するものを**パケットフィルタリング型**といいます（**図5.6**）。

これらの機器はパケットのIPヘッダを参照して、通信を許可する送信元アドレスやあて先アドレスを判断します。IPアドレスだけを監視すればよいので、比較的実装することが容易です。ただし、不特定多数のユーザがアクセスしたり、同じコンピュータからの複数のサービスによる通信が送られてくると、許可・不許可の判断をすることはできなくなります（**図5.7**）。

ポート番号を併用するトランスポート型

コンピュータの特定による通信制御には限界があるので、もう少し高度な制御を行うためにはポート番号を併用します。ポート番号はプログラムと結びつけられていますから、「Web ページを見に来た通信なら許可」、「メールは不許可」という仕分けができます。IP アドレスに加えてポート番号を使うファイアウォールを**トランスポートゲートウェイ型**と呼びます。

ルータはネットワーク層に属する通信機器なので、本来は IP アドレスだけを使って通信制御を行います。しかし、実際には、トランスポート層に属するポート番号の情報も加味して通信制御ができるルータがほとんどで、これはトランスポートゲートウェイ型のファイアウォールであると考えることもできます。したがって、一概に「ルータはネットワーク層の通信装置だ」とはいえなくなっています（**図 5.8**）。

ポート番号を判断基準に使うと、同じコンピュータからの通信でも使われているプログラムによって通信を許可したり、不許可にしたりすることができます。よりきめの細かいコントロールが可能になるわけです。

トランスポートゲートウェイ型ファイアウォールになると、かなり実用的な機能を有しています（**図 5.9**）。簡単なネットワークであればこのレベルのファイアウォールで十分なセキュリティレベルに到達する可能性があります。

フィルタリングの設定はファイアウォールにログインして行います。**図**

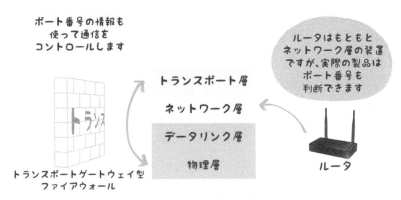

図5.8 ポート番号も使ってフィルタリングする機器

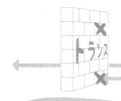

IPアドレスでは判断できないから、
ポート番号を加味して
ポート25番あて(メールの通信)
だけ通します

メールの通信
メール以外の通信

不特定多数や初見の人が
アクセスしてくる

メールの通信
メール以外の通信

同じIPアドレスから
別のサービスが
アクセスしてくる

同じIPアドレスからの通信でも
ポート番号で区別して
メールの通信だけ
通します

図5.9　トランスポートゲートウェイ型はかなり実用的

5.10はトランスポートゲートウェイ型ファイアウォール機能を有した
ルータの設定画面で、LANからインターネットへ出て行こうとする
SMTP通信（メール送信）を遮断する設定を作ろうとしています。

　最近ではほとんどがGUI（アイコンやマウスを使ってコンピュータを操
作する方法。反対に入力にキーボードしか使わず、画面表示も文字ばかり
の形態をCUIといいます）で操作できるようになっており、初心者でも簡
単に扱えます。

　ちょっと視点を変えて、ネットワークを攻撃するクラッカの手口を見て
みましょう。クラッカはまず接続できるコンピュータを探します。電源が
落ちていたり、ケーブルが抜けたりしているコンピュータにはいくらク
ラッカでも接続できないからです。

　接続可能なコンピュータの探し方に**ポートスキャン**があります。あるIP
アドレスに対して、0から順番にあらゆるポート番号で接続要求を送って
みるのです（特に開いていそうなポートは限られているので、そればかり
を試すこともあります）。TCPは3ウェイハンドシェイクで通信を始めま
すから、SYNを送られたらどうしてもACKを返してしまいます。これを
繰り返すことで、クラッカは通信が許可されているポートを探します（**図
5.11**）。もちろん、それだけでコンピュータに不正侵入されるわけではあ

図5.10 ルータの設定画面

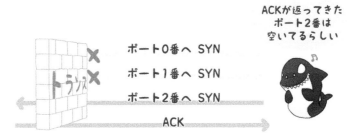

図5.11 ポートスキャン

りませんが、ポート2番に繋がっているプログラムに設計・開発上のミスによる弱点（**セキュリティホール**といいます）があれば、不正なパケットを送信されてコンピュータの操作を乗っ取られてしまうかもしれません。

あらゆる情報をチェックするアプリケーション型

そこでさらにチェックを厳しくしたファイアウォールが**アプリケーショ
ンゲートウェイ型**です。名前からも分かる通り、OSI基本参照モデルのア
プリケーション層（最上位層）まですべてのデータを検査できます（**図
5.12**）。

すべての検査ができるなら全部これにすればいいのに、と思われるかも
しれません。しかし、一概によいことばかりではないので注意が必要で
す。たとえば、他の方式のファイアウォールに比べて検査するデータ量が
とても増えてしまいます（**図5.13**）。

これを郵便にたとえるなら、父親が娘に悪い虫がつくのを心配するあま
り、差出人の住所や名前のチェックだけでなく、中身まで全部開封して検
閲するようなものです。かなり安全な確認体制ですが、娘さんの権利が侵
害されるかもしれませんし、お父さんも大変です。

アプリケーションゲートウェイ型のファイアウォールを導入したため
に、通信速度が遅くなった、というのはよくあることです。そのため、利
便性とのバランスも考えて購入を検討する必要があります。

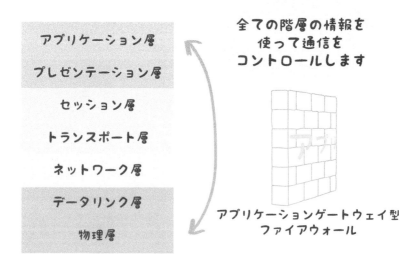

図5.12 アプリケーションゲートウェイ型ファイアウォール

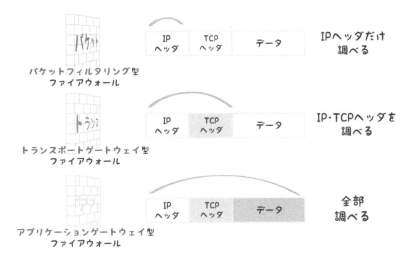

図5.13　検査範囲の違い

　また、ファイアウォールは当然検査する内容を知っていなくてはなりません。ネットワーク層であればIP、トランスポート層であれば、TCPとUDPを知っていればOKですが、アプリケーション層のプロトコルはそれこそアプリケーションの数だけあります。メールに使われるSMTPやWebに使われるHTTPなどファイアウォールは制御したいすべてのプロトコルに対応していなければなりません。

　それでもアプリケーションゲートウェイ型のファイアウォールが導入されるのは、やはり強固なセキュリティを実現できるからです。たとえば、先ほどのセキュリティホールを突いたクラッカの攻撃なども効果的に防止することができます（**図5.14**）。
　また、大事な情報がインターネットへ出て行くことも防げます。社会問題である個人情報の流出対策にも効果的です（**図5.15**）。

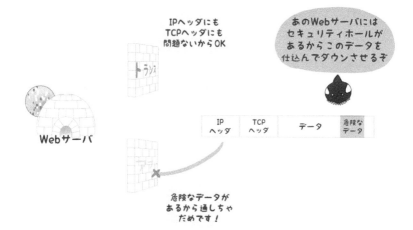

図5.14 悪意のあるデータ流入の防止

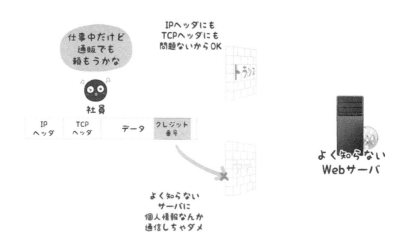

図5.15 個人情報の流出を防止

5.4 ウイルス対策ソフト
データを横取り、中身をチェック

ウイルスのパターンを登録

　ウイルス（**コンピュータウィルス**）とは外部からコンピュータに侵入し、悪意のある動作をしてユーザを困らせるプログラムのことです。「**感染する**」「**潜伏する**」「**発病する**」の3機能のうち、どれか1つでも持っているプログラムはウイルスと判断されます。狭い意味では何かに寄生するタイプのことをいうので、悪意のあるソフト全般を**マルウェア**と呼ぶことが増えました。ウイルスは自分のコピーファイルを作成したり、それをUSBメモリに書き込んだりすることで、他のコンピュータにも感染していきます。

　このとき、「ファイルが全部消された」などの派手な行為があれば、ウイルスの感染はすぐに分かります。しかし、「個人情報を少しずつどこかに送信しつづけている」ような機能の場合は、なかなかそのコンピュータを使っているユーザにも感染の事実が分かりません。

　そこでウイルス感染の有無を調べるのがウイルス対策ソフトです。事後的に調べるだけでなく、事前にブルーレイやUSBメモリの中身などを検査したり、リアルタイムでメールの中身を検査することで感染を防ぎます。

　ウイルス対策ソフトの機能はとても簡単です。ウイルスの特徴を記した「パターンファイル」「シグネチャ」と呼ばれるデータベースを持ち、これをウイルス感染の疑いがあるファイルと比較していきます（**図5.16**）。「ウイルスそのもの」の特徴と比較しているわけですから、同じデータパターンがあれば即座に見つけ出すことができます。ただ、この方法には限界もあって、少しだけパターンを変えて作られた亜種のウイルスや、圧縮などでパターンが変わってしまったウイルスを発見することはできません（ウイルス対策ソフトも簡単な圧縮には対応しています）。

　また、パターンファイルが古い場合も同様です。ウイルスはどんどん新しいものが登場するので、パターンファイルにも常にそれに応じた情報を追加しなければなりません。これを怠っているとせっかくウイルス対策ソ

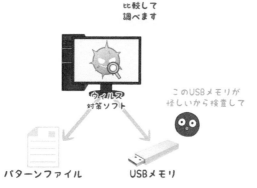

図5.16 パターンファイルによるチェック

フトを導入していても、ウイルスを発見できないことがあります。

データを検査する方法

　出たてのころは「事後的にファイルを検査する」ことに主眼が置かれていたウイルス対策ソフトですが、インターネットが普及すると事情が変わりました。ウイルス感染の経路が物理メディアからメールに移行したのです。

　USBメモリが人の手を渡って感染するより、メールのほうがより素早く大量にウイルスをばらまくことが可能です。ふつうのウイルスでも接触感染より空気感染のほうが感染速度が速いですよね。また、Webサイトを閲覧しただけで感染するウイルスなどもあります。

　このように感染経路が変化してくると、保存したファイルを検査することでウイルス感染の有無をチェックしていた過去のやり方では追いつかなくなってしまいました。

　どんどんメールが送られ、感染したコンピュータからはまたメールで別のコンピュータに感染していくので、「1日の終わりにファイルのウイルス検査を……」などとやっていたら、あっという間に二次感染してしまいます。

　そこでメールやWebのデータが入ってきたらすぐに内容をチェックする**リアルタイム検索**が一般的になりました。

　メールを受信するとき、ふつうはポートから直接メールソフトが受けとります。メールソフトにはポートが割り当てられ、外部から送られてきた

メールはここを通ってメールソフトに着信します。

　このままではウイルス対策ソフトが検査する暇がないので、なんとリアルタイム検索ではこの通信を横取りしてしまいます。

　この場合、外部からメールを送ってきているメールソフトに対して、ウイルス対策ソフトをメールソフトのように認識してもらう必要があります（そうでないと、メールを送ってくれません）。したがって、ウイルス対策ソフトはメールソフトの機能も持つことになります。

　図5.17のように、ウイルス対策ソフトは受信したメールに対して、パターンファイルとの比較を行い、安全なメールであれば本来のメールソフトにメールを渡します。ウイルスが見つかった場合は、その部分のデータを消去する「検疫処理」を行ってからメールソフトに中継します。

　ここまで見てきて、ウイルス検査のやり方が何かに似ていることに気がつくと思います。そう、アプリケーションゲートウェイ型ファイアウォー

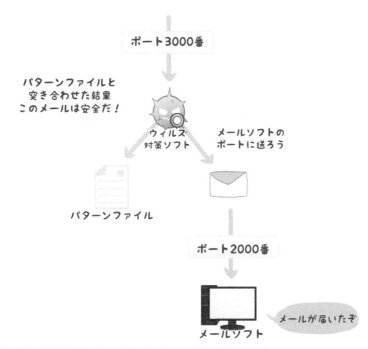

図5.17　安全確認をしてからメールソフトに渡す

ルです。アプリケーションゲートウェイはアプリケーション層のデータを
理解して、通信の可否を判断しました。ウイルス対策ソフトはメール（や
Web）のデータについてウイルスチェックを行います。ウイルス対策ソフ
トは個々のノードが持つアプリケーションゲートウェイ型ファイアウォー
ルだと考えることもできます。

5.5 DMZ
守りたいけど、公開もしたい。悩ましいサーバ向けの居場所

悩ましい公開サーバ

　ここまで理解すれば、ファイアウォール単体の動作はほとんどマスター
できています。今度はファイアウォールを使ってどのようにネットワーク
を構成するかを見ていきましょう。

　ファイアウォールは、2つのネットワークの間で壁となって内部ネット
ワークの安全性を高めるためのものです。

　ファイアウォールのフィルタリングルールはできるだけ厳しいほうが、
内部ネットワークのセキュリティを強化できます。内部ネットワークに一
般的なパソコンしかない場合は、「返信」だけを中に入れてやるのがふつ
うです（**図5.18**）。TCPヘッダを見ることでそのパケットが外部ネット
ワークから直接送られてきたものか、それとも内部のパソコンからの送信
に対する返信なのかを、確認できます。

　返信も許可しないとなると、インターネットのWebサイトやメールな
ども見られなくなってしまいます（Webサイトの閲覧はパソコンからの
リクエストに、インターネット上のWebサイトが返信してくれることで
成り立っています）。

　このように自分が「サービスを受ける立場」（**クライアント**）である場
合は、ほとんどこの通信ルールでOKです。しかし、自分がサービスをす
るコンピュータ（**サーバ**）を設置して「サービスを提供する立場」になっ
た場合はこれではうまくいきません。

　なぜなら、今度は先方が「あのWebサイトが見たいぞ」と思って自発
的に通信してくるわけですから、これは返信として処理できないからです

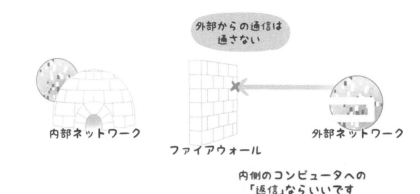

図5.18 インバウンドトラフィックは返信のみ許可

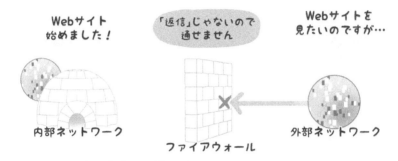

図5.19 サーバへの通信は返信ではない

（**図5.19**）。

　このように、「自分でメールやWebなどのサービスを立ち上げたい！」と思ったときに、ファイアウォールの設定はかなり悩ましいものになります。

ファイアウォールの内側と外側では

　最初に考えられるのは、他のパソコンなどと同じように、公開サーバをファイアウォールの内側に設置する方法です。サーバといっても、自分の資産であることには変わりありません。ファイアウォールの内側で守ろう、というのはとても自然な発想です（**図5.20**）。

　しかし、公開サーバは外部の人にアクセスしてもらって初めて価値を生みますから、ファイアウォールのフィルタリングルールを緩和して、必要

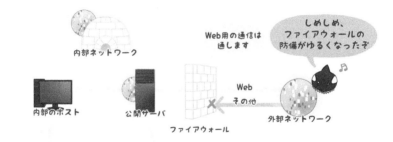

図5.20 ファイアウォールの内側に公開サーバをおく

な通信は通してあげなくてはなりません。もちろん、あやしい通信は遮断するわけですが、Webサーバへの通信を許すことで、ファイアウォールの防備に穴が開くのは事実です。場合によっては、安全性の水準が外部ネットワークにいるのと同じくらい低くなってしまいます。仮に、公開サーバがクラッキングされたときには、そこを踏み台に他のコンピュータにも不正侵入されてしまうでしょう。

それでは公開サーバをファイアウォールの外側に置いてみるのはどうでしょう。こうすれば、ファイアウォールの内側にはパソコンしかなくなりますから、今までどおりがちがちに堅くファイアウォールを設定できます（**図5.21**）。

これは内部のパソコンを守るのには好都合ですが、公開サーバが丸裸になってしまいます。確かに公開サーバは不特定多数の人に通信してもらう関係で、クラッキングの危険は大きくなるのですが、これではいくらなんでもリスクが大きすぎます。それぞれの資源（パソコンやサーバ）に最適なセキュリティを施すよい知恵はないものでしょうか。

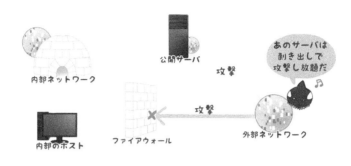

図5.21 ファイアウォールの外側に公開サーバを置く

第三のゾーンを置く

そのために考えられたのが、内部でも外部でもない第三のゾーンを作る方法です。この微妙な場所のことを **DMZ** と呼びます。日本語に訳すときは非武装地帯とするのが通例ですが、感覚的には緩衝地帯のほうが分かりやすいと思います。韓国と北朝鮮の間にある 38 度線周辺などは緩衝地帯です。温度差のありすぎるものを隣接させるとトラブルのもとなので、間にどちらにも属さないゾーンを置くわけです。

図 5.22 のように、ファイアウォール 1 とファイアウォール 2 に挟まれた中間地点が DMZ です。外部ネットワークよりは安全で、内部ネットワークよりは危険なセキュリティ水準になっています。

ファイアウォール 1 はサーバへの着信を許す必要があるので、フィルタリングルールは若干甘めになっています。したがって、攻撃の糸口はあるのですが、これは公開サーバを運営するうえでは仕方のないことです。公開サーバがファイアウォールの外側に置かれ、何もされていなかった状態

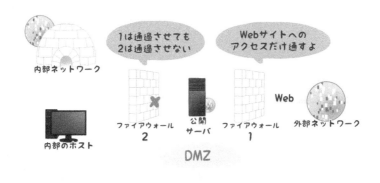

図5.22 DMZ

よりはずっと強固です。

その先にあるファイアウォール2は、内部ネットワークへの入り口です。内部ネットワークには通信を入れてやる必要はないので、ここはしっかりガードします。結果的にサーバ、パソコンそれぞれの事情にぴったりあったセキュリティの水準をつくることができます。

DMZ構築のコツは、DMZから内部ネットワークへの通信を許可しないことです。ファイアウォール2でいくら外部ネットワークからの通信を拒否しても、DMZからの「返信」以外の通信を受け入れていれば、クラッカはまず公開サーバをクラッキングしてからそこを拠点に内部ネットワークへ侵入してしまいます。

DMZの基本的な考え方は以上ですが、実際に2台のファイアウォールを導入するのは大変です。そこで、ほとんどのファイアウォール製品では、1台でDMZを構成できるようになっています（**図5.23**）。

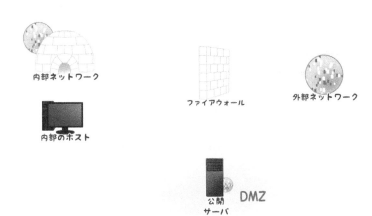

内部ネットワーク

ファイアウォール

外部ネットワーク

内部のホスト

公開
サーバ

DMZ

図5.23 1台のファイアウォールでDMZを作る

第 **6** 章

ドメイン名をIPアドレス に変えてくれる

DNS と DCHP

わたしたちがふだん、そうとは知らずに、便利に使っているアプリケーション層の機能はたくさんあります。この章では、それらの機能のうち、DNS（IPアドレスに別名をつける）、DHCP（コンピュータに IP アドレスを自動的に割り振る）について概要を説明します。面倒な IP アドレスではなく、人間にとって読み取りやすいドメイン名がどのように作られているのか、どう動いているのかを知りましょう。

名前解決

　本書の「基本的なネットワーク」という枠組みからすこし外れますが、いくつか上位層の技術についても触れておきたいと思います。上位層の勉強をし始めると、「Webページのしくみはこうなってる」「メールはこうやって送られる」など、とにかく人間が行う仕事ごとにプロトコルがあるので大変なのですが、IPの基本的なネットワークを理解するのに必須の知識に絞って説明します。

　IPアドレスは非常に覚えにくい数字の羅列として定評があります。少しでも読みやすくするために、10進数に書き下すなどの工夫がありますが、それでも人間工学的に優れているとはいえません。エンジニアでさえ間違えるのですから、一般のユーザには非常に馴染みにくいものであるといえます。

　しかし、今インターネットでWebサイトを見たりメールを出したりするのにIPアドレスを使うことがあるでしょうか？　ほとんどないはずです。「インターネットでコンピュータを一意に特定できるのはIPアドレスだけ」という今までの説明と矛盾しているように思えます（**図6.1**）。

　実はIPの枠組みを考えてきた人たちも、IPアドレスの使いにくさは十分に承知していました。そこで利用者にとっての利便性が増すように、IP

図6.1　普段はあまり使わない

アドレスに別名をつけることを思いついたのです。これを**ドメイン名**といいます。

それなら最初からドメイン名を使えばいいのに、と思うかもしれませんが、ドメイン名はコンピュータにとっては扱いにくいものなのです。たとえばサブネットマスクなどはドメイン名では表現できませんし、処理も遅くなります。あくまで通信の核心部分はIPで、ドメイン名はその別名でなくてはならないのです。

すでに多くの方に馴染みがあると思いますが、ドメイン名は www. kodansha.co.jp という形で書かれます。これは欧米の住所と同じで右から読んでいきます（**図6.2**）。

ルートから辿っていくと最終的にどのコンピュータか分かるしくみです。ドメイン名もIPアドレス同様、重複しないためにICANNによって管理されています。www.kodansha.co.jp を例にとれば、jp（日本にある）→ co（会社に分類される組織である）→ kodansha（講談社）といった具合です。

ただ、kodansha.co.jp だけではまだコンピュータには到達できません。これはあくまでドメイン（領域）であり、講談社にはたくさんのコン

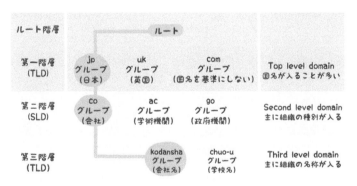

図6.2 ドメイン名の体系図

ピュータがあるからです。そこで、ドメイン名にホスト名（コンピュータ名）をプラスした名前を特別に**FQDN（完全修飾ドメイン名）**と呼んで区別します。www.kodansha.co.jp は **FQDN** です。FQDN になって初めて IP アドレスと 1 対 1 に対応させることができます。www は Web サーバによく使われるホスト名です。

ドメイン名を IP アドレスになおすデータがいる

さて、FQDN と IP アドレスは結びつけられることが分かりましたが、ブラウザに www.kodansha.co.jp などと入力したとき、いったい誰が IP アドレスに修正してくれるのでしょう。どこかに対応関係を記したデータベースがあるはずです。

このデータベースは自分のパソコンに作ることもできます。Windows10 では C:¥Windows¥system32¥drivers¥etc に hosts というファイルがあり、ここに対応関係を書いておくことができます。**図 6.3** では 127.0.0.1 という IP アドレス（いついかなる時でも、「自分自身」を表す特殊な IP アドレスです）に、www.okajima.local という名前をつけています。

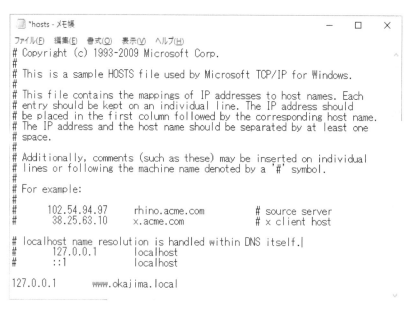

図6.3 hostsファイル

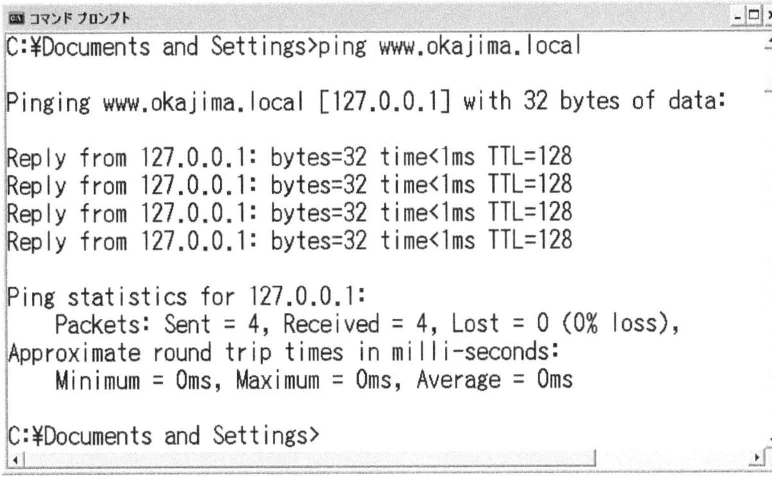

```
コマンド プロンプト                                                    _ □ ×

C:¥Documents and Settings>ping www.okajima.local

Pinging www.okajima.local [127.0.0.1] with 32 bytes of data:

Reply from 127.0.0.1: bytes=32 time<1ms TTL=128
Reply from 127.0.0.1: bytes=32 time<1ms TTL=128
Reply from 127.0.0.1: bytes=32 time<1ms TTL=128
Reply from 127.0.0.1: bytes=32 time<1ms TTL=128

Ping statistics for 127.0.0.1:
    Packets: Sent = 4, Received = 4, Lost = 0 (0% loss),
Approximate round trip times in milli-seconds:
    Minimum = 0ms, Maximum = 0ms, Average = 0ms

C:¥Documents and Settings>
```

図6.4 127.0.0.1になおっている

試しに www.okajima.local あてに ping をうってみましょう。

図6.4 では、あて先を www.okajikma.local としましたが、3行目で 127.0.0.1 に向けて ping を送信していることが分かります。これはコンピュータが hosts ファイルを見てドメイン名を IP アドレスに変換しているからです。この行為を**名前解決**といいます。

DNS サーバを用意する

名前解決のしくみ自体は簡単でした。しかし、世界中には何億というコンピュータがあります。そのすべてについてパソコンに名前の対応関係を記録するのは不可能です。そこで、**DNS** サーバと呼ばれる名前解決専用サーバを構築するのが普通です。

パソコンには**リゾルバ**と呼ばれる DNS のクライアントがインストールされていて、必要なときに DNS サーバに問い合わせをするようになっています。パソコンに IP の基本的な設定をするときに DNS サーバの IP アドレスを入力するのはこのためです（DNS サーバの位置をドメイン名で入力するわけにはいきませんよね）。この情報は **ipconfig コマンド**で確認できます。

ブラウザなどは自動的にリゾルバを使うのでふだん見ることはありませ

んが、手動でリゾルバを動かすこともできます。

　リゾルバの起動には **nslookup コマンド**を使います。**図 6.5** では DNS サーバに対して、www.google.co.jp の IP アドレスを問い合わせ、172.217.25.67 という回答を得ました（IPv6 のアドレス 2404:6800:4004:818::2003 も返してきているところが、いかにも Google 先生らしいです）。試しにこの IP アドレスを使って Google の Web サイトにアクセスしてみましょう。いつも通りに表示されるはずです。

　ただし、DNS サーバにとっても世界中の名前解決情報はぼう大です。そこで、DNS のしくみではメンテナンスを楽にするためにデータをいろいろな場所に分散させています。

　DNS サーバは自分の担当範囲にあるコンピュータの**名前解決情報（DNS レコード）**を持っています。kodansha の DNS サーバは会社の中のコンピュータを名前解決できます。co の DNS サーバは日本のそれぞれの会社の DNS サーバの IP アドレスを知っています。jp の DNS サーバは日本の SLD DNS サーバ（co を管理しているサーバとか、ac を管理している

```
■ コマンド プロンプト - nslookup                    —    □    ×

Microsoft Windows [Version 10.0.18362.476]
(c) 2019 Microsoft Corporation. All rights reserved.

C:\Users\info>nslookup
既定のサーバー:  hibari.c.chuo-u.ac.jp
Address:  133.91.254.11

> www.google.co.jp
サーバー:  hibari.c.chuo-u.ac.jp
Address:  133.91.254.11

権限のない回答:
名前:     www.google.co.jp
Addresses:  2404:6800:4004:818::2003
          172.217.25.67

>
```

図6.5　nslookup コマンド

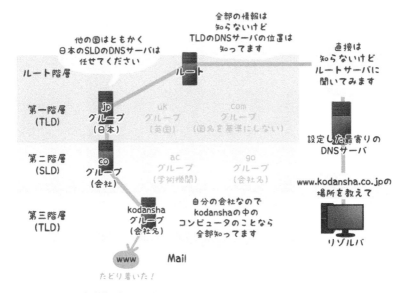

図6.6 DNS名前解決のしくみ

サーバとか）のIPアドレスを知っており、ルートDNSサーバはTLD DNS
サーバ（jpとかukとか）のIPアドレスを知っています。このように知識
が連鎖することで、順繰りに聞いていけばいつかはあるFQDNのIPアド
レスを知っているサーバに辿り着くことができます（**図6.6**）。

　このやり方であれば、1台のDNSサーバに保存しておくDNSレコード
の数が限定されるので比較的メンテナンスしやすいのです。ルートDNS
サーバがとても重要な役割を果たしますが、これは13サイト設置され（そ
のうち10サイトがアメリカです。日本にも1サイトあります）、故障やク
ラッカの攻撃に備えています。

うまく通信を分散させることもできる

　FQDNはIPアドレスへの解決情報なので、1対1に対応させなければな
りません。しかし、わざと1対1にしない場合があります。

　FQDNとIPアドレスを厳密に1対1で対応させた場合、**図6.7**のよう
な仕事を分担するために複製したコンピュータ（**ミラーサーバ**）が立てに

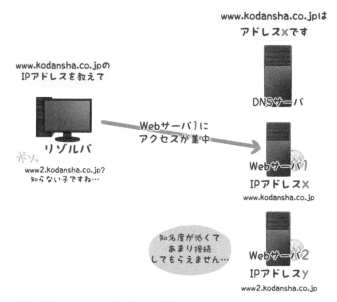

図6.7 同じ機能のサーバが2台ある場合

くくなります。2台目のサーバはwww2.kodansha.co.jpなど違うFQDNを使うことになりますが、従来のユーザにはwww.kodansha.co.jp というFQDNが浸透しているので、結局Webサーバ1にアクセスが集中します。そこで、FQDNはwww.kodansha.co.jpのままで、問い合わせの度に違うIPアドレスを回答するように設定してみます。これを**DNSラウンドロビン**といいます（**図6.8**）。

　www.kodansha.co.jpという1つのFQDNに複数のIPアドレスが対応するため、FQDNの一意性という観点から見ると本来の趣旨からずれているように思われるかもしれません。実際に運用上の問題点もあるのですが、便利なためよく利用されています。

　他にもIPアドレスを使った通信では、**図6.9**のようにメンテナンス時に他のサーバに処理を振り分けたりすると、クライアント側であて先IPアドレスを変更してもらう必要がありますが、**図6.10**のように名前解決をするのであればDNSレコードのIPアドレスを変更するだけでよいので、ユーザに迷惑をかけずにすみます。

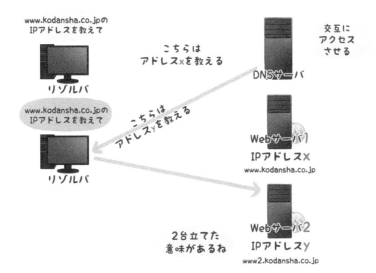

図6.8 DNSラウンドロビン

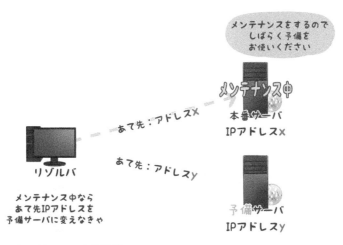

図6.9 IPアドレスによる通信

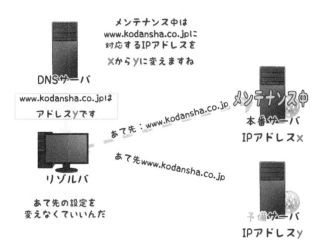

図6.10 名前解決を使った通信

6.2 DCHP
住所管理の達人

IP 関連の設定を自動配布する

IP を使った通信は汎用性・接続性が高く便利ですが、その反面で設定に必要な項目が多かったり専門的であったりして取っつきにくいのも事実です。かといって設定の簡単なプロトコル（MAC アドレスや Windows の UNC など）では、異なるネットワークへの通信ができません。

複雑な IP 関連の設定を自動化できたら初心者には便利です。また、ネットワーク管理者にとってもすごく手間を省くことができます（1 万台のコンピュータに一つ一つ IP アドレスを設定するところを想像してみてください）。

そこで**図 6.11** のような **DHCP** という IP アドレス管理用のプロトコルが考えられました。DHCP サーバには使用可能な IP アドレスの範囲を設定しておき、電源を入れて起動したパソコン（DHCP クライアント）がブロードキャストによって IP アドレスを要求してくると、空いている IP ア

貸してあげる範囲
アドレス x-z

アドレスx　貸し出し中
アドレスy　あき
アドレスz　あき

IPアドレスが
必要なPCがいますね
空いてるアドレスyを
貸します

DHCPサーバ

電源が入って
起動しました

パソコン
（DHCPクライアント）

ブロードキャストで
IPアドレスを要求

図6.11　DHCPによるIPアドレスの要求

ドレスを貸し出してあげます。このとき、IPアドレス以外の各種情報（サブネットマスク、デフォルトゲートウェイ、ドメイン名、DNSサーバのIPアドレスなど）も一緒に伝えることが可能です。

　ブロードキャストを使うのは、まだこの時点では自分のIPアドレスやDHCPサーバがどこにいるか、といった情報がないためです。したがって、IPアドレスの要求はルータを超えた先には届きません。違うネットワークにDHCPサーバがある場合は、**DHCPリレーエージェント**と呼ばれる、DHCP要求を別ネットワークに中継する機能が必要です。

　DHCPサーバの設定はさほど難しくありません。家庭用ルータでは家庭内の機器にIPアドレスを付与するため、簡易的なDHCPサーバが実装されています。**図6.12**はその設定画面です。

　DHCPサーバ機能が有効になっており、要求があれば192.168.0.2〜192.168.0.33までの範囲のIPアドレスを貸し出す設定になっています。現在はMACアドレスが00-25-DC-5A-F0-AAのコンピュータに192.168.0.2を貸し出していますね（**図6.13**）。

　図6.12にもあるように、IPアドレスのリース時間は48時間に定められています。これは貸し出したまま誰も使わず幽霊アドレスになってしまっ

図6.12 DHCPサーバの設定画面

リース情報

IPアドレス	MACアドレス	リース期限	状態	操作	
192.168.0.24	00:26:AB:B3:40:68	--:--:--	手動割当	修正	削除
192.168.0.2	00:25:DC:5A:F0:AA	24:35:8	自動割当	手動割当に変更	

図6.13 DHCPリース状況

たものを強制的に取り返すためです。貸出先が移動の多いノートパソコン
などの場合は、半日くらいに設定することもあります。

　IPアドレスはパソコンが電源を落とすときにDHCPサーバに返却され
ますが、ずっと電源を入れて使い続けている場合は貸出期限の半分を経過

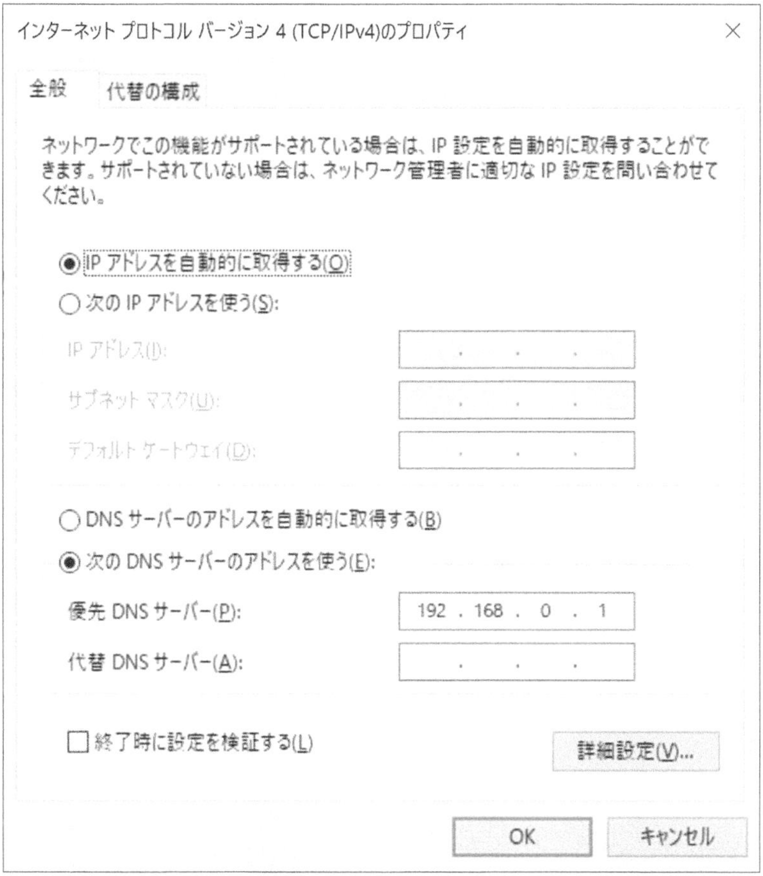

図6.14 DHCPクライアント側の設定

すると、延長要求が出されます。

　DHCP を利用する場合には、サーバだけでなくクライアント側でも IP アドレスを自動取得する設定にしておく必要があります（**図 6.14**）。ただし、DHCP の場合は電源を入れるたびに違う IP アドレスが貸し出される可能性があるので、一般的に IP アドレスが変更されると困るサーバコンピュータはあまり DHCP を使いません。もし必要な場合は、指定した MAC アドレスには必ず特定の IP アドレスを貸し出すといった措置をとります。

IP アドレスの節約にも有効

　サーバコンピュータと違い、パソコンなどのクライアントコンピュータ
は夜間などは電源を落とすのが一般的です。あるいは、仕事の内容によっ
ては1日中電源を入れない日があるかもしれません。

　固定IPアドレスでは、そのような状態のパソコンにもIPアドレスが割
り当てられ占有されています。IPアドレスが貴重な資源であることを考え
るとこれはもったいないことです。

　DHCPの場合は、電源切断時にDHCPサーバにIPアドレスを返却する
ため、次に要求があった場合はそのIPアドレスを使い回すことができま
す（**図6.15**）。また、先にも述べたようにリース期間が設定されているた
め、貸し出したまま使われないIPアドレスも少なくすることができます。
使用環境と使い方によっては、固定アドレスによる設定を行うよりもIP
アドレスを節約できます。

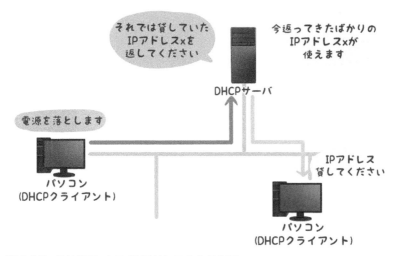

図6.15　DHCPによるIPアドレスの有効利用

6.3 ゲートウェイ

キャリアメールからインターネットにメールを送れるわけは？

異なるプロトコル同士の通信は？

第1章で、プロトコルが細分化されている理由として、「新しい技術が登場してもそこだけ取り替えられる」ことを挙げました。また、異なるプロトコルを使っているネットワーク同士が通信する場合は、通信機器が介在することでプロトコルの違いを吸収できることも学びました。**図 6.16** でいえば、イーサネットも IEEE802.11 も IP のパケットを伝送することができるので、IP の上位に位置するプロトコルは影響を受けません。これを「上位層は下位層の違いにかかわらず、透過的に通信できる」と表現します。つまり、ネットワーク層に位置するルータの部分で違いを吸収したのです。

では、もっと大きな違いの場合はどうでしょう？　たとえば、インターネットとそうでないネットワークをつなぐことはできるでしょうか。

その問いには容易に解答できると思います。IPというルールで作られて

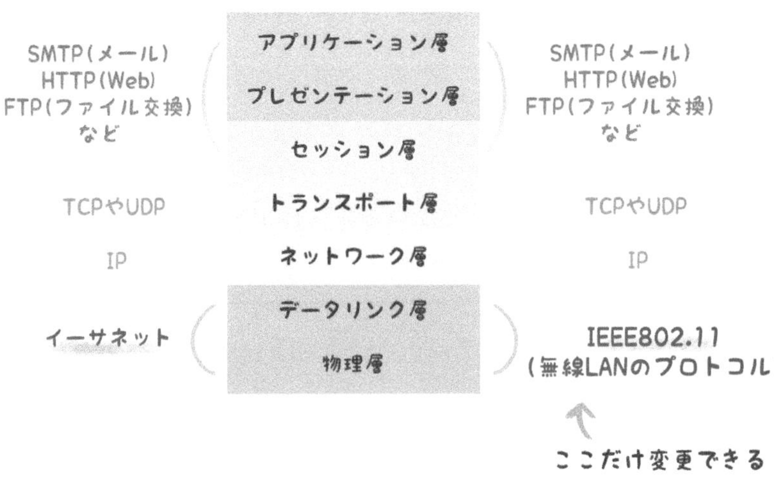

SMTP(メール)
HTTP(Web)
FTP(ファイル交換)
など
アプリケーション層
プレゼンテーション層
セッション層
トランスポート層
ネットワーク層
データリンク層
物理層
SMTP(メール)
HTTP(Web)
FTP(ファイル交換)
など
TCPやUDP
TCPやUDP
IP
IP
イーサネット
IEEE802.11
(無線LANのプロトコル)
ここだけ変更できる

図6.16　変更が簡単にできる

いるインターネットと、電話番号をはじめとするルールで作られている電話網のネットワークが異なるものであることは、ここまですでに学んできました。

　でも、スマホのキャリアメールからパソコンへ、あるいはパソコンからキャリアメールへ、私たちは日常的にメールを送っています。これはどうして可能なのでしょう。

　それを可能にしているのは、**ゲートウェイ**というコンピュータです。ゲートウェイは、ファイアウォールのところでも出てきた用語でいろいろな意味で使われますが、ここでは物理層からアプリケーション層まで、すべてのプロトコルを知っている通信機器のことです。

　図6.17のように、ブリッジやルータといった、一般的な通信機器は下位層のプロトコルしか理解できないので、アプリケーション層に属するメールのプロトコルが違うといわれても、対応できません。しかし、**図6.18**のようにゲートウェイがあれば、メールのプロトコルを理解できます。

　インターネットのメールとは異なる独自の形式で作られたキャリアメー

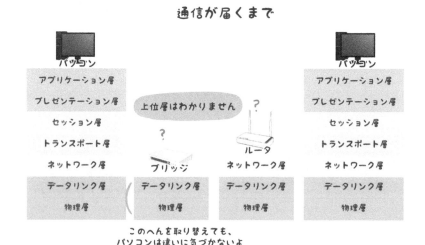

図6.17　通信機器が理解しているプロトコル

ルも、ゲートウェイは読むことができます。そこで、スマホからインターネットへ送られるキャリアメールの場合は、このキャリアメールをインターネットの標準メールプロトコルである SMTP に翻訳してあげるのです。メール用のゲートウェイは、携帯電話サービスを行っている通信事業者が設置していますが、こうすることで、本来は異なるネットワークに属し、異なるプロトコルで動いているキャリアメールとインターネットのメールが互いにやり取りできるようになっているのです。

　ただし、あくまでも「翻訳」ですから、日本語から英語にどうしても翻訳できない言葉が出てきてしまうように、ゲートウェイも訳しきれない文章があります。スマホ同士では難なく使える絵文字が、パソコンに送られると違う文字に化けてしまうのは、その一例です。本来パソコンが使う文字で、その絵文字に該当するものがないと、どんなにうまく翻訳しても表示できないのです。

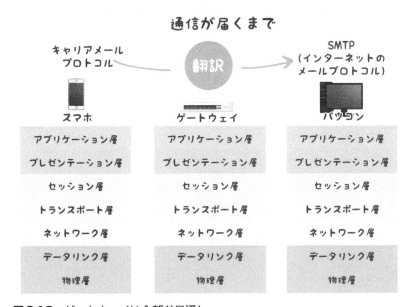

図6.18　ゲートウェイは全部お見通し

糸電話ものろしもインターネットにつながる

メールの例で説明しましたが、プロトコルを翻訳することができれば、どんなゲートウェイも作ることができます。たとえば、**図6.19**や**図6.20**のようにのろしゲートウェイを作ってのろしをインターネットに接続することも、糸電話ゲートウェイを作って糸電話をインターネットに接続することも可能です。

こんなことをする必要があるのか、通信として効率がいいのか、というのは別の話ですが、どんなものでも接続できる可能性があること、社会に対して無限に開かれていることがインターネットの大きな魅力です。本書をきっかけに、広大に拡がるネットの世界に触れて頂ければ嬉しいです。

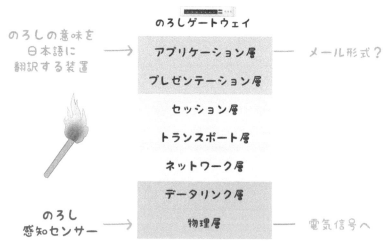

図6.19　のろしゲートウェイ

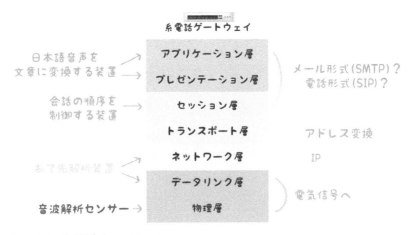

図6.20 糸電話ゲートウェイ

第7章

どこでも線が激減中

無線 LAN と Wi-Fi

Wi-Fi はもはや専門用語でもなんでもなく、日常に溶け込んだ言葉になりました。この章では、無線 LAN の歴史や規格、有線 LAN とどう違うのか、なぜ Wi-Fi と呼ぶのか、作ったり使ったりするとき何に気をつければいいのかについて学びましょう。Wi-Fi 特有のセキュリティや、無線 LAN で思ったほどの通信速度が得られないといったあるあるについても、考えていきます。

7.1 無線 LAN
なんでも線をなくすのが、大きな潮流

無線 LAN

　情報機器が進化するとき、無線化は1つのトレンドです。確かに有線よりは、無線の方が扱いやすいです。マウス、キーボード、イヤホン……いろいろなものが無線化され、使いやすくなりました。

　こうした機器が置かれるリビングもすっきりしますし、オフィスの場合は働き方の変化もこのトレンドを後押ししています。たとえば、フリーアドレスやABWのように、社員が自分のデスクを持たずに仕事をするスタイルでは、いちいち配線を変更するのは面倒です。

　情報通信も、この傾向と無縁ではありません。モバイル機器を中心にLANの無線化が進み、Wi-Fiという言葉を聞かない日はほとんどなくなりました。据え置き型のデスクトップPCでさえ、無線LANで接続するケースもあります。この章では、**無線LAN** について、学んでいきましょう。

　無線LANのプロトコルは、**IEEE（米国電気電子学会）** で定められています。他の技術もありますが、私たちが日常利用する無線LANはすべてIEEEの定めたプロトコルに従って作られていると考えてよいでしょう。

　無線LANは比較的新しい技術で、急速に市場が広まったため、進歩の速度は大きなものでした。そのため、多数のプロトコルが混在しています。

規格名	伝達速度	周波数帯
IEEE802.11	2 Mbps	2.4 GHz
IEEE802.11a	54 Mbps	5 GHz
IEEE802.11b	11 Mbps	2.4 GHz
IEEE802.11g	54 Mbps	2.4 GHz
IEEE802.11n	600 Mbps	2.4 GHz/5 GHz 両方
IEEE802.11ac	6.9 Gbps	5 GHz
IEEE802.11ax	9.6 Gbps	2.4 GHz/5 GHz 両方

無線 LAN 発展の歴史は、高速度対応の歴史です。少しでも速い通信ができるように、新しい技術が開発されてきました。IEEE の細かい規格を見るときは、通信速度に着目するとよいでしょう。どんどん速くなっていることが分かります。

　また、2.4 GHz、5 GHz と書かれているのは、無線通信に使う周波数帯です。同じ周波数帯の電波が混信すると通信には使えなくなってしまうので、電波は周波数ごとに用途が厳密に定められています。

　2.4 GHz 帯は **ISM バンド** といって、産業・科学・医療のために使うことが解放されている周波数です。コードレス電話や Bluetooth、電子レンジなどは、この周波数帯を使って作られています。誰でも使えるため運用しやすく、5 GHz 帯より遠くまで電波が届きやすい利点もあります。障害物に遮られていても（1F と 2F など）通信ができます。

　一方で家電製品などがたくさんこの周波数を使っているため、混んでいます。電子レンジなどを使って、無線 LAN が途切れた経験はないでしょうか。他の強い電波と混信すると（電子レンジはとても強力です）、このような弊害が生じます。

　無線 LAN 機器は、割り当てられた 2.4 GHz 帯の中身をさらに細かく分け、「こちらの周波数がダメなら、別のこっちを使おう」と混信を回避するしくみを持っていますが、あまり混んでいると速度低下や通信安定性の低下が避けられません。

　それに比べると **5 GHz 帯** は比較的空いていて、高速化もしやすい周波数帯です。先にあげたような短所はあるものの、新しい通信規格では採用されることが多くなっています。

　しかし、通信規格はやみくもに発展させればいいというものではありません。特に無線 LAN のように技術革新が速い分野では、新しい規格が現れるごとに古い規格に沿った通信機器が使えなくなってしまったら、利用者が困ります。

　そこで、後方互換性といって、新しい製品が出てきても、古い製品との接続が可能なように設計します。無線 LAN は特に後方互換性に留意して発展してきたといえます。IEEE802.11n に沿って設計されたルータに、IEEE802.11b の機能しか持たないノートパソコンも接続することが可能です。

この方針は無線 LAN を普及させるうえでとても重要な役割を果たしました。でも一方でこれによる弊害があることも覚えておきましょう。

　たとえば、先の例で IEEE802.11n ルータ（速い）に、10 台のノートパソコンを接続したとします。設計上は充分に仕事をこなせる性能を発揮する予定でした。しかし、そのうち 1 台でも IEEE802.11b 規格に準拠した古いノートパソコンが混じっていると、接続することはできるのですが、他の 9 台は古いノートパソコンにあわせて、性能を落として運用することになります。もしかすると、仕事がこなせる性能の水準を割り込んでしまうかもしれません。

　また、新しい規格のほうがセキュリティ対策もしっかりしているので、クラッカは古い規格や機器を狙って攻撃をしてくるかもしれません。なまじ後方互換性があることで、古い機器でもつながってしまい、新しい機器への置き換えが進まないこともあるのです。よいことばかりではないことに注意が必要です。

Wi-Fi

　ここまで、無線 LAN という言葉を使って説明をしてきましたが、ふだんの生活で「無線 LAN」と聞くことはほとんどなくなっているのではないでしょうか。スマホでも、パソコンでも、**Wi-Fi** と表示されています。

　現時点では、無線 LAN ＝ Wi-Fi と考えてしまって大丈夫です。もともと Wi-Fi は、認証規格のことでした。無線 LAN は技術的に高度で、また当初は発展途上の技術だったこともあり、同じ規格に（たとえば IEEE802.11b に）沿って作られているはずなのに、製品 A と製品 B が接続できないということが頻発しました。これでは、安心して無線 LAN を使うことができません。

　そこで、**Wi-Fi Alliance**（当初は Wireless Ethernet Compatibility Alliance）が発足して、他の製品とちゃんと接続できる製品かを確認して、Wi-Fi ロゴを与えるようになりました。利用者は Wi-Fi ロゴがある製品なら、安心して使うことができるわけです。その後の Wi-Fi の普及は、みなさんもご存知のとおりです。

　IEEE802.11？　という書き方が、一般利用者には分かりにくいこともあって、2018 年にはそれぞれの通信規格に対応させるために、Wi-Fi に番

号をふることも決められました。

IEEE802.11n	→	Wi-Fi 4
IEEE802.11ac	→	Wi-Fi 5
IEEE802.11ax	→	Wi-Fi 6

　確かにこのほうがすっきりしています。ますます Wi-Fi という呼び方が普及していくことになるでしょう。

インフラストラクチャモードとアドホックモード

　IEEE802.11 は OSI 基本参照モデルの物理層からデータリンク層にまたがる規格です。有線 LAN では、物理層でどんなケーブルを使うかを決め、データリンク層では構内通信の方法を決めていました。イーサネットが物理層からデータリンク層にまたがる代表的な規格です。

　これに対して、IEEE802.11 では物理層で周波数帯などを決めるわけです。データリンク層部分も、イーサネットを参考にしてはいますが、無線通信特有の決めごとがたくさんあります。それを見ていきましょう。

　まず、無線 LAN には、**インフラストラクチャモード**と**アドホックモード**の 2 種類の動かし方があります（**図 7.1**）。

　インフラストラクチャモードは、スマホやパソコンを無線 LAN に接続するときに、私たちが一般的に使っている方法です。無線 LAN アクセス

図7.1　インフラストラクチャモードとアドホックモード

ポイントという、無線 LAN を管理する親玉がいて、スマホやパソコンはそこに接続をします。他のパソコンやサーバと通信をするときも、無線 LAN アクセスポイントを経由して行います。

アドホックモードは、Wi-Fi の規約では **Wi-Fi Direct** と呼ばれる類似機能があり、スマホ同士、パソコン同士を直接接続するときなどに使用します。身近なところでは、スマホのコンテンツを大画面で楽しむために、テレビに接続する用途があります。無線 LAN アクセスポイントがない環境でも、手軽に無線通信が使えるわけです。

自宅や会社、学校、公共空間（機内、車内、カフェなど）で利用するのは圧倒的にインフラストラクチャモードですので、ここから先はインフラストラクチャモードの説明をします。

無線 LAN アクセスポイントが発する電波は、おおむね 100 m ほどしか届きません。もっと強力な電波を使えば遠くまで届いて便利ですが、他の電波と混信して迷惑をかける可能性も高まるため、そう決まっています。言葉を換えれば、弱い電波であまり遠くまで届かないからこそ、免許なしで気軽に使えるようになっています。

そのため、無線 LAN は乱立しています。マンションの部屋ごと、学校の教室ごとにアクセスポイントを立てるのがふつうです。ちょっと広いカフェや駅では、1 つの空間に複数のアクセスポイントを立てることも珍しくありません。

ESSID

こうしたなかで、アクセスポイントは自分の存在を示すためにビーコン信号を発信します。ノートパソコンやスマホなどの端末は、ビーコン信号を受信することで自分が接続すべきアクセスポイントを見つけるわけです。

ご自宅にアクセスポイントがある方も多いと思います。最近では、インターネット接続のためのルータとセットになった「無線 LAN ルータ」が普及しています。

有線 LAN の場合、どのネットワークに接続すればいいのかはすぐに分かります。物理的にケーブルを接続する必要があるので、「間違って隣の会社につないでしまう」ことはほぼありません。

しかし、無線 LAN の電波は壁を通過するため、気をつけないと別の家や別の会社のアクセスポイントに自分のスマホをつないでしまうことが起こりえます。そのために使われるのが、**SSID（Service Set IDentifier：無線 LAN 識別子）** です（**図 7.2**）。

スマホで Wi-Fi の設定を開くと、たくさんの SSID を確認することができます。公共空間では、それだけたくさんの電波が飛んでいるわけです（**図 7.3**）。

図7.2 ESSIDでどこに接続すべきか分かる

図7.3 Wi-Fiの電波はたくさん飛んでいる

SSIDには、**ベーシックSSID（BSSID）**と呼ばれるアクセスポイントのMACアドレスを使うものと、**拡張SSID（ESSID）**と呼ばれる好きな文字列を使えるものの2種類があります。ESSIDのほうが柔軟に運用できるので、現在ではほとんどESSIDが使われています。先ほどのキャプチャ画像で示されているような名前がESSIDです。

家庭など小規模用途では、1つのアクセスポイント＝1つのESSIDとして運用しますが、グループを細かく分けて運用したいとき（大人用ネットワークと子ども用ネットワークを分けるなど）には、**図7.4**のように1つのアクセスポイントで複数のESSIDを使うこともできますし、逆に広大な空間（1つのアクセスポイントでは、電波が届かない）では同じネットワークを提供するために、**図7.5**のように複数のアクセスポイントで1つ

図7.4 1つのアクセスポイントに、複数のESSID

図7.5 複数のアクセスポイントに、1つのESSID

の ESSID を使うこともできます（メッシュネットワーク）。1 アクセスポイント＝1 ID の BSS では、これが不可能なわけです。

なお、ビーコン信号に SSID を含めないで無線 LAN を使うことも可能です。これを**ステルスモード**と呼びます。その場合、たとえばスマホの利用可能な Wi-Fi の欄には表示されなくなるので、「そこにアクセスポイントがあること」、「そのアクセスポイントの SSID を知っていること」の 2 点をクリアできる人しか、アクセスポイントが使えなくなります。

セキュリティを向上させるためにステルスモードの運用が推奨された時期もありましたが、SSID が漏れればアクセスできますし、端末（スマホやパソコン）側から「×××というアクセスポイントはありますか？」と問い合わせることはできるので、ちょっとした技術があれば探索して攻撃することは可能です。

無線 LAN の安全を確保するためには、ステルスモードではなく、暗号化と認証（p. 187）を行うことが必須だと考えてください。

7.2 CSMA/CA
遅く感じるそのわけは？

CSMA/CA

接続すべきアクセスポイントが見つかると、スマホやパソコンはそのアクセスポイントとやり取りし、アクセスポイントを経由して別のパソコンや別のネットワークと通信をすることになります。

このとき、無線 LAN の通信手順はイーサネットを参考にしています。たとえば、端末のアドレスとして MAC アドレスを使うのは一緒です。しかし、無線なので、イーサネットのやり方をそのまま使うわけにはいきません。端的な例が CSMA/CD です。

CSMA/CD はざっくりいえば、「取りあえず送信して、不都合（通信の衝突）があれば、送り直そう」という通信方式でした。乱暴ですが、このシンプルさがイーサネットを安く、壊れにくく、進化の速い規格にしたといえます。

しかし、無線通信の場合、通信の衝突を検出することができません。そのため、CS（いま通信しているかどうか調べる）、MA（使っている機器がなければ、誰でも通信を始めていい）までは一緒なのですが、**CA（Collision Avoidance：衝突回避）**になっている点が異なります。

　アクセスポイントとどこかの端末が通信中の場合は、当然その終了を待つわけですが、終了を待っている端末は自分だけではないかもしれません（**図7.6**）。通信終了後に、いっせいにみんなが通信を始めると、必ず衝突してしまい、しかもその衝突は検出できないことになります（**図7.7**）。

　これを回避するために、他の端末の通信終了待ちをしている端末は、通信が終了したと思っても、ランダムな時間を待ってから自分の通信をスタートさせます。待ち時間を一定にしないのは、CSMA/CD の衝突時と一緒で、一定時間待った後に結局他の端末の通信と衝突するのを防ぐためです。

　しかし、待っている間に別の端末が通信を始めてしまうかもしれません。それが繰り返されると、運の悪い端末は永遠に通信を開始できない可能性もあります。それを防ぐために、ランダムな待ち時間は自分の通信が妨げられるごとに少しずつ短くなるようになっています。

図7.6　通信の終了待ち

図7.7　通信あけすぐの衝突

注意深くネットワークを監視して、「今は誰も使っていない」と思っても、衝突してしまうこともあります。アクセスポイントとは電波の送受信ができるけれど、他の端末は離れていてうまく電波を拾えないときなどです（**図7.8**）。そのため、アクセスポイントと通信する端末はまず**RTS**（**Request To Send**）信号をアクセスポイントに送ります。

　RTS信号を受信したアクセスポイントは、通信が可能な状態であれば**CTS**（**Clear To Send**）信号で応答します。すると、Aは通信を始めていいと分かりますし、Aの発する電波を受信できない位置にいるBも、アクセスポイントからのCTS信号は受信できるはずですから、「誰かが通信を始めた」、「いま自分が通信するとまずい」ことが分かります（**図7.9**）。

　また、各端末はアクセスポイントと通信するとき、ACK（確認応答）を

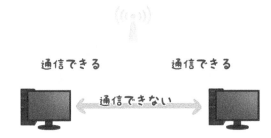

図7.8　他の端末の通信を読み取れないケース

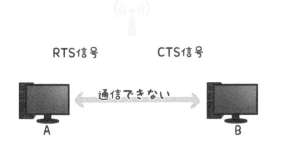

図7.9　RTS／CTS信号で、制御する

受信することで、「自分の通信はうまくいっている」、「衝突していない」と判断します。

このようにCSMA/CAは、「通信の衝突を検出できない」無線通信の特性をうまくカバーして、円滑にパケットを送受信する工夫をしています。

しかし、かなり無駄のある通信手順であることには留意してください。アクセスポイントとやり取りするごとに、多くの待ち時間が発生します。このことが、「無線LANでは思ったほど通信速度が出ない」問題を発生させます。

「このネットワークは100 Mbps（1秒間に100メガビットのデータを送れる）」と書かれているときの100 Mbpsは理論値です。理屈のうえではそうなりますというだけで、実際に使われるときには衝突や待ち時間が発生して、とても100 Mbpsの速度は出ません。

実効速度が理論速度よりも遅くなるのは有線LANでも無線LANでも同じですが、無線LANの方が電波干渉が生じたり、CSMA/CA方式による待ち時間が多かったりと、速度を減じる要因がたくさんあります。

新しい無線LAN規格では、通信速度は理論値で数Gbpsにまで達していて、理論値だけを見比べると有線LANよりも早くなっていることがあります。しかし、だからといって、有線LANより通信状態が安定していたり、実際に速かったりすることを保証するものではありません。

また、自宅の無線LANルータと、自分のスマホをつなぐ無線通信がとても速かったとしても、無線LANルータとインターネットをつなぐ回線を遅い速度で契約していれば、スマホでインターネットにアクセスするときには当然遅い速度になります。ネットワークの性能を考えるときには、こうした点に気をつけて全体に目を配ります。

通信速度の見積もりで気をつけること

ネットワークの性能の話題が出ましたので、ここで通信速度の見積もりで気をつけることを学んでおきましょう。

まず、通信速度と保存容量で使われる単位の違いです。

通信速度でも「100メガ」といいますし、保存容量でも「100メガ」といいます。前者は（理論値で）1秒に100メガ送信できる、後者は100メガのサイズが保存されているの意味になります。

では、100メガの回線で、100メガのファイルを送ったら何秒で送信することができるでしょうか？　「1秒に100メガ送信できる」のだから、1秒でしょうか？

　1秒と答えると、2つの意味で誤りになります。

　1つ目は、「1秒に100メガ送信できる」のは、あくまで理屈のうえでですから、実際の通信速度はもっと遅くなります。これは利用するネットワークで計測しないと分かりませんが、理論値よりずっと遅いのが一般的です。1秒で送ることは不可能です。

　2つ目はもっと大きな理由ですが、通信と保存では使われている単位が異なります。通信で使われる「100メガ」の後には「ビット」が隠れています。**100 Mbpsは、1秒間に100メガビットの情報を送れる**、の意味なのです。

　一方、容量で使われる100メガの後には「バイト」が隠れています。100メガのファイルとは、100メガバイトの情報量を持つファイルです。単位があっていないのです。

　統一してくれるのが一番なのですが、わけているのには理由があります。ビットが一番細かい単位で、最も基本的な情報量なのですが、一般の人に「100メガビットの情報があります」といってもピンときません。そこで、「1文字ぶんの情報量＝1バイト」としました。100メガバイトの情報があります＝100万文字ぶんの情報があります、ならば想像しやすいわけです。無意味に複数の単位を作ったわけではないのですね。

　以前は1文字ぶんの情報を表すのに7ビットを使ったり、8ビットを使ったりすることがあったので、1バイトの情報量が確定しなかったのですが、いま1バイトと出てきたら8ビットのことだな、と思って間違いありません。厳密に表現したいときは、1オクテット（＝8ビット）という単位を使うこともあります。逆に、漢字やひらがな1文字ぶんの情報量は16ビットだったり24ビットだったりしますが、これは1文字ぶんであっても2バイト、3バイトといいます。

　通信速度を見積もるときは、単位をあわせなければなりません。100メガbpsの通信回線で、100メガバイトのファイルを送信するのなら、「100メガバイト＝800メガビット」ですから、

800 メガビット（ファイルの大きさ）

$\div$ 100 メガビット（回線が 1 秒間に送れる情報量） ＝ 8

により、8 秒かかることが分かります。もちろん、この通信速度は理論値ですから、実際の通信速度はもっと遅くなります。このファイルを 8 秒で送ることはできないと考えるべきです。

7.3 無線 LAN のセキュリティ
ダダ漏れ電波をどう守る？

無線 LAN のセキュリティ

無線 LAN においても、情報セキュリティは重視しなければなりません。むしろ、無線 LAN だからこそ重視すべきです。

有線 LAN 上を流れるパケットを不正取得（**盗聴**）しようと思えば、その有線 LAN にネットワークケーブルを接続する必要があります。そのケーブルをプロトコルアナライザなどの解析装置へと引き込めば、盗聴行為が可能です。しかし、他人の敷地にある有線ネットワークにネットワークケーブルをつなぐのは、なかなかハードルの高い作業です。

一方、無線 LAN ではパケットは電波に乗って虚空を駆け巡っています。異なる部屋や建物でも電波を受信できることがあるくらいですから、それを傍受することは有線 LAN の場合よりもずっと簡単です。

公共の場所で不特定多数を相手にサービスする公衆無線 LAN などではいわずもがなです。ちょっとした機器を使うだけでも、盗聴を試みることができます。

たとえば、誰でもつないでよい（暗号化されていない）Wi-Fi を運用しているカフェに行って、ESSID を調べます。ESSID が「AAAA」だったとしたら、自分の無線 LAN ルータの ESSID を「AAAA」にしてそのカフェに持っていきます。

利用者から見ると、同じ「AAAA」の電波を飛ばしているアクセスポイントが複数あることになります。このとき、どちらのアクセスポイントにつながるでしょう？　いつも使っているお店のアクセスポイントに接続す

る端末もあるでしょうし、電波の強いほうのアクセスポイントに接続する端末もあるでしょう。

パソコンでもスマホでも、Wi-Fi の「ローミングの積極性」といった項目を高めに設定しておくと、電波の強いほうへどんどん接続先を変えていくことになっています。

いずれにしろ、お店のアクセスポイントにつないでいるつもりで、攻撃者が持参したアクセスポイント（無線 LAN ルータ）につながるスマホやパソコンが出てくるわけです。そのとき、そのスマホやパソコンが送信したパケットは、攻撃者にとって読み取り放題になります。

電波がどこへでも飛んでいってしまう性質のものである以上、これは防ぎようがありません。そこで、盗み読みされない方策ではなく、盗み読みされても意味が分からない状態にする方法がとられます。これが**暗号化**です。

図 7.10 のようにもとのデータ（平文）を、暗号化アルゴリズムと鍵によって暗号にすることで、第三者にはなんだか分からない情報にするわけです。正規の受信者は暗号化アルゴリズムと鍵を知っているので、これをつかって平文をもとどおりに**復号**（復元）します。

攻撃者は暗号の作り方を類推することで、不正に復号をしようと試みます。そのため、暗号の作り方をどんどん変えていくことが望ましいのですが、基本的な暗号の作り方（暗号化アルゴリズム）はそうそう思いつくものではありません。

そこで、鍵と呼ばれる暗号化アルゴリズムに投入する情報（パスフレーズやパスワード、キーなど、製品によって呼び方はいろいろです）を変えることで、不正な類推を行いにくくします。ただし、攻撃者に鍵が漏れる

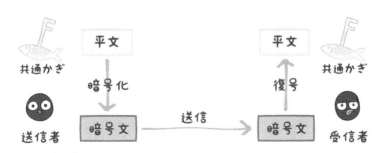

図7.10 暗号化

と、暗号は解読されてしまいます。パスワードが漏れると、第三者にスマホやパソコンを不正利用されてしまうのと一緒です。

WEP と WPA

無線 LAN において、暗号化と認証（そのアクセスポイントに接続することを許可された端末かどうか確認すること）の機能を担う技術は次の順序で発展してきました。

規格名	暗号化アルゴリズム
WEP	RC4
WPA	TKIP（RC4 をもとにしているが、鍵が自動的にころころ変わる）
WPA2	CCMP（AESという強力な暗号化アルゴリズムをもとにしている）
WPA3	CCMP（オプションで、さらに強度の高い方式も使える）

暗号化アルゴリズムは、解読すると攻撃者に巨大な利益をもたらすため、血眼になって不正解読の方法が模索されています。そのため、古い暗号ほど脆弱性（少ない試行錯誤で、鍵を発見されてしまう）が見つかる確率が高くなります。

WEP で採用されている RC4 は、すでに効率的な解読手順が分かっているため、WEP は利用すべきではありません。

WPA はその対策として登場しました。当時、すでにもっと強力な暗号化アルゴリズムはありましたが、あまり急激な変化をすると既存の機器が対応できず、普及が進まない恐れがあったため、暗号化アルゴリズムとして古いRC4を使いつつ、暗号化鍵を短いサイクルで自動的に変更していくことで安全性を高めています。Wi-Fi の普及に大きく貢献しましたが、すでに利用は推奨されていません。

WPA2は暗号化の要である暗号化アルゴリズムを AES に変更しており、WPA3ではさらに強力なオプションが使えるようになっています。

パーソナルモードとエンタープライズモード

WPA/WPA2/WPA3 には、認証の方法として**パーソナルモード**と**エンタープライズモード**が用意されています。

パーソナルモードは名前の通り、家庭などで気軽に使うことを想定したもので、アクセスポイントに事前に設定したパスフレーズを知っているかどうかで、接続を許可された端末かどうかを判定します（**図7.11**）。

　簡単に利用できる反面、すべての端末が同じパスフレーズを共有するので、どこかでパスフレーズが漏れるとすべての端末がリスクに晒されます。決して安全性が高いとはいえません。端末ごとに異なるセキュリティ設定を適用することもできません。

　エンタープライズモードは企業などでの利用を念頭に、より高度なセキュリティ管理ができるように工夫されたものです。接続しようとする端末1台1台に別のIDとパスワードを割り当てたり、そもそもパスワードではなくデジタル証明書を使って認証を行うことも可能です（**図7.12**）。

　エンタープライズモードでの認証の方法は、Wi-Fi Alliance が独自に考

パーソナルモード

みんな同じパスワード

図7.11　パーソナルモード

エンタープライズモード

端末ごとに異なるパスワードや
デジタル証明書

図7.12　エンタープライズモード

えたものではなく、IEEE が定めた IEEE 802.1X が使われています。IEEE 802.1X は有線 LAN でも一般的に使われている認証方式です。

IEEE802.1X

IEEE802.1X のしくみを使うには、3種類の機器が必要です。**サプリカントとオーセンティケータと認証サーバ**です。

サプリカントは、接続しようとする端末のことで、WPA の場合は無線 LAN につなぐスマホやパソコンがサプリカントになります。

オーセンティケータは通信のコントロールをする機器のことで、無線 LAN アクセスポイントがこの役割を担います。

認証サーバは具体的な認証手段を提供する機器です。パスワード方式で認証を行うなら、ID とパスワードを管理して、認証の可否を判断するのが認証サーバです。オーセンティケータと認証サーバを分離することで、リスクを分散させ、管理を容易にしています。

サプリカントは無線 LAN に接続したいとき、オーセンティケータに接続要求を行います。オーセンティケータはちゃんと権限を持ったサプリカントかどうか認証を求めますが、いくつかの認証手段が使える場合は、その中から選ばせることもあります。

サプリカントは選んだ認証方式と認証情報を、オーセンティケータに返答します。オーセンティケータには認証の可否を判断できる情報はありませんので、これを認証サーバに転送して接続させていいかどうか決めてもらいます（**図 7.13**）。

オーセンティケータと認証サーバが分かれていることで、たとえばネットワークが大きくなってアクセスポイントを追加したとしても、新しいアクセスポイントに認証情報をコピーする手間などがかかりません。

データオフロード

オフロードとは、仕事を誰かに押しつけることです（off-road ではなくて、off-load です）。通信分野で**データオフロード**として使われる場合は、あるネットワークで過剰になっている通信を、別のネットワークに振り分けることで負荷を分散、平準化することを指します。

①接続したいです

②認証方法を選べます

③パスワード方式で！

⑥つないでいいですよ

サプリカント
（パソコンやスマホ）

オーセンティケータ
（無線LANアクセスポイント）

④IDとパスワードの
確認をお願いします

⑤無問題です

認証サーバ

図7.13 IEEE 802.1Xのしくみ

　特に、帯域が逼迫してどんどん混んできている携帯の電波網から、別の電波網（主にWi-Fi）へ通信を振り分ける意味で使われることが目立っています。

　電波は有限の資源です。同じ周波数で同時に通信をすると衝突してしまい、通信の用を果たさなくなることから、同時通信数には大きな制約があります。一方で、通信事業者は通信をしてもらってナンボですから、利用者数はいくらでも増やしたいと考えます。ここに矛盾があるわけです。

　携帯の電波網は通信事業者にとってプラチナよりも貴重なので、ここが混みすぎないようにWi-Fiなどに逃がします。逃がしたくて、人が集まって通信が混雑しそうな空港や駅、ホテル、レストラン、カフェなどに自らWi-Fiスポットを構築しているのです（**図7.14**）。

　ここで懸念があります。Wi-Fiだって電波を使っています。逃がした先のWi-Fiを混ませる結果になって、結局通信が破綻したり、利用者が迷惑したりする事態になるのではないでしょうか？

　もちろん、その可能性はあるのですが、Wi-Fiのほうがずっと通信が混みにくいと考えられます。あまり電波が遠くまで飛ばないからです。

　同じ周波数でカバーする範囲は、携帯の電波のほうがずっと広くなっています。当然、その中には多数の通信をしたい利用者が現れます。

　しかし、Wi-Fiがカバーする範囲はずっと狭いものです。その中で通信

混んでいる携帯電波網から

携帯の電波
(5G, 4G)

Wi-Fi　Wi-Fi　Wi-Fi

空いているWi-Fiへ

図7.14　データオフロード

したい人が現れる確率も、また低いものになります。

　その範囲の狭さ自体も、大きな利点になります。あるカフェでWi-Fiを立てたとして、そこから数十メートルも離れていれば、別のホテルやレストランで、同じ周波数を使ってWi-Fiのサービスを行うことができます。遠くまで届かないがゆえに、同じ周波数の使い回しができるわけです。

　もちろん、携帯の電波が遠くまで届くことは、大きな利点です。人工物がなにもない平野をWi-Fiの電波網でカバーしようと考えたら気が遠くなります。どんなところでもつながる通信網を構築する技術として、携帯の電波はとても有用なものです。

　どちらが優れていて、どちらが劣っているという関係ではなく、得意な分野が異なるので棲み分けをしていると考えてください。

　ところで、Wi-Fiは一般的に無償で利用可能なものが多くなっています。データオフロードをすると、通信事業者の利益を圧迫しないのでしょうか？

　その側面はありますが、少なくとも、携帯の電波帯域が逼迫して通信網がダウンしてしまうよりはマシですし、「ここではWi-Fiで通信をしていて、無償だ」と利用者に認識してもらうことはサービスの満足度向上につながります。

また、携帯電話の契約自体も従量制と定額制を組み合わせたものが主流で、ヘビーユーザほど定額制を選択しますから、携帯電波での通信量が増えたからといってそのまま利益が増えるものではありません。

　それならばデータオフロードを行って、携帯電波での通信量を抑制しつつ、利用者にも満足してもらおうと考えるのは合理的なやり方だといえるでしょう。

第**8**章

通信はついに雲の中へ

クラウドのしくみ

クラウドはサービスであり、コンピュータの利用形態ですが、突き詰めればコンピュータという計算資源をどこにどう配置すれば、最も有効活用できるのだろう？　という問いへの１つの答えでもあります。この章では、クラウドという発想が生まれてきた背景や、クラウドと切っても切り離せない関係にある仮想化について学びながら、今後のコンピュータ利用のあり方について考えていきましょう。

オンプレミス

クラウドについて説明する前に、**オンプレミスシステム**について触れておきましょう。オンプレミスシステムは構内システムなどとも呼ばれます。インターネットやクラウドの登場以前は、コンピュータは自分の使う家や建物のなかにあるのがふつうでした。

今だって、スマホやパソコンは家の中にあり、手元にありますが、スマホの中だけで処理が完結しているわけではありません。インターネットと接続し、Google や Facebook の資源を利用することで、たくさんの機能を実現しています。

コンピュータが単独で動作している状態を**スタンドアローン**といいますが、IoT（あらゆるモノがインターネットにつながる）時代と呼ばれる現在、純粋にスタンドアローンとして動作しているコンピュータは少ないといえます。セキュリティを考慮して、他のコンピュータとはつなぎたくないといった特殊な用途に限られます（**図8.1**）。

そうなったのには理由があります。コンピュータを使っていれば、「もっと性能が欲しいな」と思う瞬間があります。スタンドアローン型の

ネットなしで
引きこもってます

スタンドアローン

図8.1 スタンドアローン

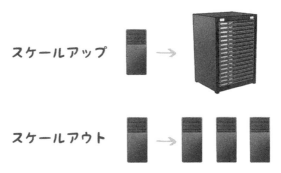

図8.2　スケールアップとスケールアウト

場合、この問題を解決するにはもっと性能のよいコンピュータを買ってく
る**スケールアップ**に頼ることになります（**図 8.2**）。しかし、いちどスケー
ルアップしてしまうと、「やっぱりもういらない」と思っても性能の低い
コンピュータに置き換えるのは面倒です。結果的に無駄に性能の高いコン
ピュータを使い続けることになるかもしれません。

　それに比べると、コンピュータの台数を買い足していく**スケールアウト**
のほうが汎用性が高いといえます。一時的に高い性能が必要になったので
1 台を 3 台に増やしたが、いらなくなったら元通り 2 台は切り離して別の
用途に使おうといった感じです。これも面倒ではありますが、スケール
アップに比べるとまだ柔軟性があります。

クライアント／サーバ

　また、コンピュータの役割分担も進みました。

　なんでもかんでもスタンドアローンにすると、計算能力やデータをすべ
て 1 台のコンピュータに格納しなければなりません。しかし、これでは 10
人の人が同じ仕事をするとき、10 台のコンピュータが必要になります。別
の仕事に移行するときにはシステムやデータの入れ替えが発生するかもし
れません。そして、新しい仕事でコンピュータに要求する能力が異なれ
ば、コンピュータの入れ替えすら発生するかもしれません。これでは非効
率です。

　そこで、コンピュータの役割をサービスする側（サーバ）とサービスを
受ける側（クライアント）に分けます。これが**クライアント／サーバシス**

テムです（**図8.3**）。

　情報サービスを提供側と享受側にわけるならば、一般的に提供側のほうに大きなリソース（計算能力、記憶能力、管理能力、通信能力など）が必要です。多数の利用者が持つ必要があるクライアントは表示などの小さな能力だけでよいのは、資源の有効活用から見ても有利です。

　サーバには高い能力が求められますが、多数のクライアントからの要求をさばくので、リソースを無駄に遊ばせている遊休時間がありません。1台1台のスタンドアローン型マシンに大きな能力を搭載するのと比べて、資源が有効に使われているのが見て取れると思います（**図8.4**）。また、仮

要求
提供
クライアント　　　　　　サーバ

図8.3　サービスの要求と提供

任せなさい

サーバ

頼みます！

クライアント　　クライアント　　クライアント

図8.4　1台のサーバで多数の要求をさばく

にサーバの能力が逼迫して、スケールアップやスケールアウトを行うとしても、その手間はサーバだけですみます。

すべてのサーバ機能を1台のコンピュータに集中させることもできますし、Webサーバはこのコンピュータ、メールサーバはこのコンピュータと分割することも可能です。メールサーバはさほどの負荷ではないからやや性能が低めのコンピュータを、Webサーバはアクセスが集中したときのために高価なコンピュータを、といった運用をすることもできます。

Webやメール、DNS、DHCPなど、私たちに身近なサービスの多くがこのクライアント／サーバ型システムを採用しています。私たちは手元のスマホで動くブラウザ（Webクライアント）から、Webサーバに要求を出し、Webページを送ってもらっています。

手元のスマホが処理能力としては非力でも、重たい（能力の必要な）アプリケーションが使えたり、パソコンに世界中のWebページのデータを保存しなくても望んだページを閲覧できるのは、このような役割分担が行われているからです。

ハウジングとホスティング

こうしたサーバ群は、それがたとえ不特定多数の顧客に向けたものであっても、自社の中で抱えるのがふつうでした。しかし、インフラの設置や整備は規模の経済が成立します。サーバ1台を置くにしても、業務に耐えうるほど安定して運用するためには筐体や電源、通信、空調に気を配らねばなりません。

そうした機器は各社が用意するより、専門事業者が大規模に設置した方が質の高いサービスを安価に提供できます。各社は専門事業者が設置したデータセンター（電源、通信、空調完備）に、自社のサーバを預けることでこうした投資を回避できます（**図8.5**）。これを**ハウジング**といいます。

ハウジングの場合、データセンターに預けたコンピュータには、まだA社のWebサーバ、B社のメールサーバという意識があります。あくまで、自社にあったコンピュータを整備の行き届いた施設に預けただけなのです。

規模の経済が成立するのなら、コンピュータも専門事業者が持ってしまったほうがいいと考えたのが、**ホスティング**です（**図8.6**）。

図8.5 ハウジング

とんでもなく大量のコンピュータを保有し
ものすごい数の仮想マシンを動かしている

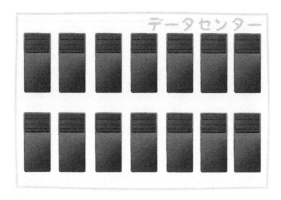

図8.6 ホスティング

　データセンターに大量のコンピュータが設置されているのは同じです
が、ホスティングではその大量のコンピュータは事業者の持ち物です。A
社やB社のコンピュータを預かっているわけではありません。

　コンピュータを調達してくるときも、一括購入で費用を削ることができ
るかもしれません。性能を拡張・縮小させる（スケーラビリティ）ことも
比較的容易です。

　ハウジングでは、たとえばA社のWebサーバの能力が足りなくなった

とき、A社が1台コンピュータを買い足して、データセンターに預ける必要がありました。これがホスティングだと、データセンターにはそもそも大量のコンピュータがあります。その中には利用されずに遊んでいるコンピュータがありますから、必要なときだけそれを使わせてもらい、いらなくなればまた元に戻すこともできるわけです。

仮想化

ホスティングやクラウドと密接に関わっている考え方に、**仮想化**があります。仮想化は現在、多岐にわたって使われる言葉になっているのでやや意味の拡散が見られますが、ここでは機器の抽象化と考えてください。

私たちがスマホを使っているとき、1台のスマホはどうやったって1台です。「いま、2台あると便利なのに」と思ったところで、2つに割って2台にすることはできませんし、2台をくっつけて1台にすることもできません。それを可能にするのが、仮想化です。

といっても、2台のスマホをくっつけると溶け合うような、新規の科学が提案されているわけではないです。

物理的には2台あるマシンを、理屈のうえでは（論理的には、といいます）**図8.7**のように1台のように取り扱ったり、その反対に物理的には1台しかないマシンを、**図8.8**のように100台あるかのように振る舞わせる技術です。

物理的なマシンと、利用者が認識する論理的なマシンを分けるものだと考えるとよいと思います。

こうすることで、データセンターは巨大な能力をもつ1台のコンピュータ（1人で使うにはもったいない）を、何台もの仮想マシンに分けて、たくさんの利用者に切り売りしたり、マシンの性能が足りなくなったので物理的には1台足したのだけれど、お客には相変わらず1台のマシンに見えているというサービスの提供が可能です。

仮想化は複雑な技術なので一概にはいえませんが、運用が楽になることもあります。100台のコンピュータの設定変更を行うのは一苦労ですが、それを1台の仮想マシンにまとめておけば、設定変更は1回で済むかもしれません。

実際には多数のコンピュータ

たくさんのコンピュータがお客さんには1台のマシンに見えている

図8.7　マシンをまとめる仮想化

実際には1台のコンピュータ

1台のコンピュータがお客さんにはたくさんのマシンに見えている

図8.8　マシンをわける仮想化

　家庭でも、1台のコンピュータで複数の OS を同時に動かすような使い方ができます（**図8.9**）。

　こうした便利さが享受できるので、仮想化の範囲はコンピュータのみに留まらず、通信機器やデスクトップにも及んでいます。通信機器であれば、ネットワークの構成を変更するときに、いちいちケーブルの結線などを変更せずにすみますし、仮想デスクトップは仕事用の画面、学習用の画面、家庭用の画面などと論理的な画面を作っておいて、実際のディスプレイ（物理ディスプレイ）に表示する画面を必要に応じて瞬時に切り替えることができます。

図8.9 一般的なパソコンでも仮想化は可能。Windows上でLinuxマシンを動かした

クラウド

　ホスティングは、私たちがふだん見聞きしている**クラウド**のイメージに近いのではないでしょうか。実際、クラウドの定義はあいまいなので、ホスティングをクラウドだということも可能です。

　しかし、一般的なイメージとしては、クラウドは超大規模（世界規模）に展開されていて、一般利用者にも開かれており、接続する機器や規格に制約が少ない（iPhoneでもAndroidでもWindowsでもつながるとか）といった特徴があるのではないでしょうか。

　クラウドに限らず、流行し意味が拡散した用語を用いるときは、相手がどのように捉えているかを知ることが重要です。

　実際、超大規模はクラウドの特徴の1つでしょう。データセンターどころか、世界中に無数のコンピュータが配置されていて、夜間になっている（寒い）地域のコンピュータだけを動かしてサーバ冷却費を節約するような運用も可能です。クラウドを構成する1台1台のコンピュータに故障があっても、あまりにもたくさんのコンピュータがあるので、利用者には気づかせもしない提供の仕方もできます。

　紛争エリアから一時的に撤退したり、電力費の安い地域に資源を集中さ

せるなどの使い方も可能です。巨大であることがさまざまなメリットを生む形態です。

　もちろん、超大規模になることで、デメリットも発生します。自分が依頼した仕事が、いまこの瞬間はアメリカのサーバで実行されているかもしれないけれども、次の瞬間にはフランスに切り替わっているかもしれないのです。

　利用者からすると、機密保持は大丈夫なのか、このデータはA国はいいけど、B国で処理すると違法になるぞ、とか自分のコントロール範囲を超えた処理がなされる怖さがあります。

　「ホスティング」だと、大規模にやっていて、自分のデータやプロセスが他の企業と一緒くたに行われているけれども、まだ特定のデータセンターが自分の仕事をしてくれているイメージです。

　これが「クラウド」になると、どのデータセンターにデータが預けられ、どこで処理されるかすら時々刻々とダイナミックに変化するイメージになります。

　もちろん、クラウドの定義があいまいである以上、これらは「イメージ」でしかないのですが、みんながホスティングやクラウドと聞いて、ふんわりと想像するものがなんなのかを捉えておくことは大事です。

　クラウドの普及は、インターネットの発展と密接に結びついています。
　どんなプロダクトやサービスも、それを運ぶしくみが発達すると、自前で整えるよりもどこかで大規模に生産して、各家庭や各職場に運んだほうが効率がいいと考えられる瞬間が来ます。

　水も、水道管が信用ならなければ井戸を掘るしかありませんが、井戸は掘るのも維持するのも大変です。水道網の発達とともに、井戸が廃れるのは自明でしょう。

　電気も、以前は事業所に発電機を設置して、そこで電気を生み出し、消費していました。どこの国もそうですが、できたての送電網ほど怪しいものもないので、停電が許せないならば自家発電は必須です。でも、やはり自家発電は大規模な発電所よりも単位あたりの電気代は高くつきますし、機器の更新に手間もお金もかかります。送電網の発達とともに、最高のセ

キュリティを求められたり、特殊な用途に適用する場合を除いて、発電所から電気を送ってもらう形式に移行するのもまた自然なことです。

コンピュータもそうです。コンピュータはCPUを動かして、計算能力を生産するマシンです。計算能力は、手元に置いたコンピュータで生み出すしかありませんでした。消費するところで生産する、地産地消です。

でもインターネットが発達すると、遠く離れたデータセンター（電気でいう発電所に相当します）で大量に、効率よく計算能力を生み出し、計算した結果をインターネットという水道管で送ってもらうことができるようになりました。

送電網に不安があって、自家発電をしていた事業所があるように、インターネットは危険で不安定だと考える利用者は（その考えは、実際に当たっています）、これからも手元にコンピュータを置き続けるでしょう（オンプレミス）。

でも、インターネットもだいぶ安全になって、安定性も増したと考える利用者や、安さやクラウドならではの進化の速さにはかえられないと考える利用者にとってはクラウドを選択することは当然視されつつあります。

実際、使っていないつもりでも、私たちの生活にクラウドは深く根ざしています。スマホのような非力なコンピュータが、クラウドをまったく利用しなかったら、快適な利用はおぼつかないのです。

クラウドは生産の匿名化と結びついています。ハウジングでは、コンピュータを集約することで電力や冷却の効率化をしていましたが、サービスを特定のコンピュータに依存しているため、そのコンピュータがダウンするとサービスが止まります（**図8.10**）。

田中さんが汲んでくれたエビアンや、佐藤さんが汲んでくれたクリスタルガイザーが信頼できるかもしれないけれど、田中さんや佐藤さんの事情で供給が止まるリスクに似ています。

クラウドでは、コンピュータが集約されていることに加えて、特定のコンピュータと特定の利用者が紐付いていませんから、あるコンピュータが壊れても、別のコンピュータが引き継ぐことでサービスを継続することが

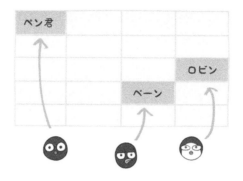

ハウジングでは計算能力を生み出している
コンピュータが特定できる

図8.10 ご指名制のコンピュータ

クラウドでは計算能力をどのコンピュータが
生み出しているかはわからない

図8.11 お店におまかせ制のコンピュータ

できます（**図8.11**）。

　これは水道網にも似ています。蛇口を捻って出てくる水は、どこの水源からとったのか分からない不安はありますが、多摩川の流量が減れば利根川から、利根川が減ったときには多摩川から水をとってくることで、安定供給が可能です。

　もちろん、今後のコンピュータ利用形態がすべてクラウドに置き換わるわけではありません。世の中が所有から共有へ動き、たとえば車が持つも

のからシェアするものに変わっても、コレクションがしたかったり、ヘビーな用途や特殊な用途で使う人は車を購入するでしょう。

また、技術の潮流は揺り戻しがあります。たとえばクライアント／サーバ型のコンピュータにしても、サーバにほとんどの資源を集中させる形式がいいか（**シンクライアント**：管理が楽、クライアントからの情報漏洩が抑えられる）、クライアントにある程度の資源を配分したほうがいいか（**ファットクライアント**：ネットワークが切断してもある程度仕事を続行できる、レスポンスがいい）の論争はいまだに続いています。

その時点で採用できる技術や、その時点で発生したセキュリティ事故によって、設計思想は変化します。

水道網が劣化して、「どうも水がまずくなったぞ」と思う人は、水道料金の1000倍の値段をものともせず、ミネラルウォーターを購入します。インターネットがこれからますますリスクの大きい、油断のならないものになったとしたら、ふたたびスタンドアローンが優勢になる社会が到来するかもしれません。

8.2 クラウドの分類
分けることは、分かること

コンピュータの構造

「クラウド」とひとくくりにいいますが、実際に使ってみると多種多様なサービスがあります。ここでは、そのなかでも耳にすることが多い、**IaaS**、**PaaS**、**SaaS** のお話をしましょう。

IT 業界の3文字略語や4文字略語は堅気の世界で評判がよくありませんが、この XaaS（○ aaS の総称）は覚えにくいし、混同しやすいし、IT 業界にどっぷりつかっている人たちにも残念なイメージを持たれています。ただまあ、広まってしまったものは仕方がありません。

XaaS を理解するためには、まずコンピュータの構造を知っておく必要があります。

コンピュータは大雑把にいうと、**ハードウェア**（ハード。CPU やメモリ

などの機械そのもの）、**基本ソフト**（OS：オペレーティングシステム。Windowsやｉｏｓ）、**応用ソフト**（アプリケーションソフトウェア、アプリ）の３層構造でできています（**図8.12**）。

　昔はこの３層が密接に絡み合っているマシンも多かったのですが、コンピュータが汎用化するにつれて、それでは使いにくくなりました。

　ハードウェアにアプリががっちり噛み込んでいると、「買ったときとは別の使い方がしたくなった」ときにハードウェアごと買い換える必要があります。でも、ハードウェアとアプリが分離できていれば「このアプリを削除して、別のアプリを入れる」ことができます。

　基本ソフトもそうです。いくらハードとアプリを分離しても、Dell向けのアプリ、HP向けのアプリとなっていると、アプリをつくる人はそれぞれのコンピュータに向けて別のアプリを開発しなければなりません（**図8.13**）。

　利用者もコンピュータを買い換えるごとに、「同じアプリなのに買い直し」になります。そうした不合理を大幅に減らしたのが基本ソフトです。もともとハードウェアはそれだけでは操作できない（しにくい）ので、何かのソフトが必要です。ファイルを読み出すにしても、アイコンをクリックするにしても、ソフトウェアが働いて、利用者にその機能を使いやすい

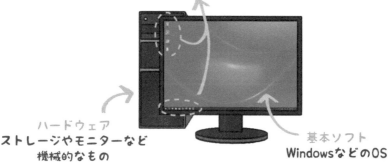

応用ソフト
ブラウザからゲームまで
あらゆるアプリ

ハードウェア
ストレージやモニターなど
機械的なもの

基本ソフト
WindowsなどのOS

図8.12　コンピュータの構造

形で提供しています。

コンピュータで作業をするときには、必ずソフトの力が関わっていますが、ソフトの中でも「この機能は超基本だから、どのコンピュータにも欲しい」ものがまとめられているのが基本ソフト（OS）です。

基本ソフトにできることは年々肥大化して便利になっていますが、1000人に1人しか使わない機能を基本ソフトに取り込んでしまうと、ソフトの容量は大きく、動作は重たくなってしまいます。

そのため、使う人しか使わない機能、使う人だけ別途インストールすればいい機能を実装したソフトが応用ソフト（アプリ）だと考えるとよいと思います。

基本ソフトもハードウェアと不可分に結びついていましたが、いまではWindowsやAndroidといった汎用OSが世界中で使われています。ハードウェアに拘束されないので、たとえスマホやパソコンなどのハードウェアを買い換えても、同じWindowsマシンやAndroidマシンであることに変わりありません。

すると、機械が変わっても操作感は一緒で、覚えるまでの時間を抑えることができますし、アプリも「××社の△△モデル向け」ではなく、「Windows向け」、「Android向け」に作っておけば、たくさんの機種に対してアプリを作ったり、更新したりする手間と費用がかかりません。機械ごとの違いを抽象化する働きがあるのです（**図8.14**）。

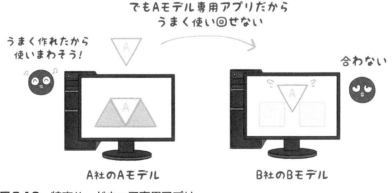

図8.13　特定ハードウェア専用アプリ

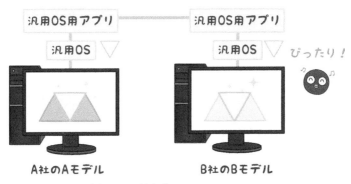

図8.14 OSによるハードウェアの抽象化

　もちろん、この場合でも OS を機種ごとに作る手間はあったのですが、無数にあるアプリをコンピュータの種類ごとに作るよりはずっと効率がよかったですし、近年ではむしろ Windows や Android が軸になっていて、各 OS にあわせて「Windows が動くマシン」、「Android が動くマシン」を各メーカが作っています。

IaaS、PaaS、SaaS

　クラウドを提供する形態である IaaS、PaaS、SaaS は、それぞれハードウェア、基本ソフト、応用ソフトに対応しています（**図8.15**）。

　IaaS（**Infrastructure as a Service**：サービスとして、インフラを提供する）は、ハードウェア部分を使わせてくれるクラウドになります。ハードウェアですから、コンピュータやネットワーク、ストレージなどが提供されることになります。

　コンピュータ利用のもっとも基本的な部分ですので、誰でもどんなビジネスでも利用できる可能性があります。

　自社でコンピュータを持つこととの違いは、メンテナンスや機材の更新などをクラウド事業者がしてくれること、規模の経済が働いて安くなる可能性があること（これはクラウドにどのくらいの信頼性を求めるかでピンキリです。高くなる可能性もあります）、性能の拡張や縮小が比較的柔軟

IaaS	PaaS	SaaS
応用ソフト	応用ソフト	応用ソフト
基本ソフト	基本ソフト	基本ソフト
ハードウェア	ハードウェア	ハードウェア

利用者側の所有部分 ●
プロバイダ側の所有部分

図8.15 IaaS、PaaS、SaaS

にできることです。

　一方で、OSやアプリは自分で用意しなければなりません。

PaaS（**Platform as a Service**：サービスとして、プラットフォーム
を提供する）は、プラットフォーム部分を使わせてくれるクラウドです。
プラットフォームは意味が広く、たとえばGoogleやAmazonのことをプ
ラットフォーマーなどといいますが、ここでいうプラットフォームはOS
や実行環境のことだと考えておけばOKです。

　OSの面倒をクラウド事業者が見てくれるわけですから、頻繁に繰り返
されるアップデートなどにいちいち対応する手間が省けます。

　しかし、事業者によっては、自社が使いたいと考えているOSがサービ
スの選択肢になかったり、OSの細かい設定をさせてくれないことがあり
ます。たとえば、「アプリの互換性のために、このセキュリティパッチ（更
新プログラム）は適用したくない」といったリクエストに応えてもらえ
ず、全社一律のサービスが提供されるようなケースが考えられます。

　特殊なOSを使いたかったり、自社でOSをカスタマイズしたい場合は
IaaSを借りて、OSは自前で展開したほうがいいかもしれません。

　また、当然ながら、提供されるのはハードウェア＋OSですので、OS上
で動作するアプリケーションは自分で用意することになります。

SaaS（**Software as a Service**：サービスとして、ソフトウェアを提
供する）は、ソフトウェア部分を使わせてくれるクラウドです。ソフト

ウェアといっても、基本ソフトと応用ソフトがありますが、ここでいうソフトウェアは応用ソフトのことです。

「ソフト」といった場合はたいてい応用ソフトのことを指すのが一般的です。応用ソフト＝アプリケーションソフトウエアを、コンピュータ屋さんは「ソフト」と略すのが好きでしたし、通信屋さんは「アプリ」と略すのが好きでした。近年はスマホ（通信屋さん）の隆盛を受けて、パソコンなどの分野でもアプリと呼ぶことが多くなりました。

提供されるのがアプリですから、SaaS のサービスは千差万別です。オフィスソフトや写真加工、ファイル保存、ファイル転送、メール、カレンダー、スケジュール、日程調整……。ちょっと考えただけでも、日常的に SaaS に触れていることが実感できます。企業の基幹業務に限っても、ERP や SCM、人事、給与など、数々の SaaS が使われています。

その長所に関しては、IaaS や PaaS とおおむね同じです。規模の経済や、最新機能への更新、メンテナンスに利点があります。データセンターで動作しているため、いくつかの機器に障害が発生しても、すぐにバックアップ措置がとられ、自社で運用するより信頼性が高い可能性があります。でも、自社とクラウド事業者のネットワークが切断されるとサービスが利用できなくなるため、一概に安全だとはいえません。

短所は、利用したいアプリが SaaS として提供されているとは限らないこと、全利用者への一律のサービスとなるため、アプリを自社向けにカスタマイズする余地が少ないことなど、これも PaaS であげた考慮事項と同様です。

ただし、「カスタマイズできないこと」を単純に短所というべきではないかもしれません。というのは、企業（特に日本企業）のカスタマイズ好きが、仕事の生産性を落としてきた可能性があるからです。

よくできたアプリケーションは、卓越した業務手順や、世界標準に合致した業務手順を提供します。つまり、アプリの導入時は、こうした良い業務手順を自社に導入するチャンスなのです。

一方で、新しいアプリや仕事の進め方に慣れるのは手間ですし、習熟コストもかかります。今までの通りにやりたいとする希望や需要も存在します。その場合はアプリを修正することになるかもしれません。

どちらのやり方も一長一短ありますが、日本企業はアプリを大幅にカス

タマイズする傾向がありました。

　IT化を進める際は、業務改革（BPR）とセットでやるのが自然です。以前のやり方に拘ると、せっかくIT化しても仕事の生産性が上がらないことがあります。パソコンとネットワーク、オフィスアプリ、グループウェアを導入したのに、業務手順として捺印が残っているから結局印刷する必要があって、紙も決裁待ち時間も減らせないようなケースです。

　導入の瞬間、「めんどくさいな」と思っても、ベストプラクティス（卓越業務手順）や世界標準には、やはり何らかの良いことがあり、長い目で見ると導入のメリットは大きいです。あまり自社の都合や事情にあわせてアプリをカスタマイズすると、これらに乗り遅れるリスクがあります。

　XaaSはほんとうにたくさんの種類が提案され、実際に提供されています。よく聞くのは**MaaS**（**Mobility as a Service**：サービスとして、交通手段を提供する）でしょうか。航空機、電車、船、バス、タクシーなどの交通手段をまとめて1つのサービスとみなし、「現時点で最適な移動手段はこれ」と、一括で案内したり、決済したり、乗降したりするシステムのことです。情報通信や情報機器に限らず、交通手段がクラウド化されていることになります。

　利用者からすると、やりたいことは「A地点からB地点への移動」であって、個々の飛行機や特急にこだわって乗りたいわけではない（そういう人もいますが）ので、窓口や決済が一元化されて便利になります。最適な移動手段は時間帯や交通事情によって刻々と変化しますが、それも利用者側が考える必要がなくなります。

　交通機関側にしても、「この路線は混んでいるから、こちらの路線に誘導しよう」といったロジスティクスの最適化が行えるなど、メリットの大きいサービス提供方法です。

　筆者が関わっているプロジェクトでも、地域をサービス化しようという試みがあります。たとえばホテルではなく、地域にチェックインして、その地域内のサービスを一元化します。

　ホテルではルームチャージをすることで、飲食、移動、アクティビティなどごとに支払をしたり、面倒な手続をする手間を省いて利便性を向上さ

せています。食事やアクティビティの料金が最初からすべて込みになっている、オールインクルーシブ型のリゾートなども増えてきました。

　地域サービスでは、この考え方を推し進めて、地域へのチェックインを行います。一度チェックインすると、その地域にいる間は顔認証などにより、宿泊も移動も購買も飲食もすべて顔パスで行われます。これも XaaS の一形態といえるでしょう。

パブリッククラウド、プライベートクラウド

　これまでに述べてきた「クラウド」の性質や特徴は、**パブリッククラウド**に関するものでした。パブリッククラウドとは、不特定多数の人や組織に大規模なサービスを行うものです。サービスを提供する経路も、インターネットが想定されています。クラウドといえば、そもそもパブリッククラウドだったのです（**図8.16**）。

　クラウドが浸透して、世界中で使われるようになると、その長所を享受しつつ、短所を緩和したいと考える企業が現れました。それを実現したのが、**プライベートクラウド**だといえます。

　プライベートクラウドは、その企業のためだけの専用クラウドだと考えるとよいと思います（**図8.17**）。パブリッククラウドを運用しているクラ

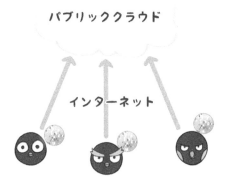

図8.16　パブリッククラウド

ウド事業者が、特定企業のためだけの専用区画をつくるパターンが多いです（ホスティング型）。規模の経済を活かしやすいからです。

　プライベートにする主な理由はセキュリティとカスタマイズなので、プライベートクラウドへのアクセスはインターネットではなく、**閉域IP網**（通信事業内のネットワーク）や**VPN**（仮想専用線）などを使うことがあります。

　特別に作ってもらうわけですから、初期費用や運用費用はパブリッククラウドと比べて高額になるのが一般的です。ただし、クラウドとしての規模の経済は活かせますし、自社のセキュリティポリシーを変えずに運用することも可能でしょう。強固なセキュリティポリシーを持っている企業が利用しやすい形態といえます。

　その他に、自社内にクラウドを構築するオンプレミス型のプライベートクラウドも存在します（**図8.18**）。自社内だけで完結した運用を行いますので、カスタマイズもききますし、セキュリティも強固にすることができますが、「クラウド」としてのメリットを引き出すには、相当大規模な企業、かつ拡大や縮小の頻度が高い業務でないと費用対効果が見合わないかもしれません。

　どのような技術にも長所と欠点があります。また技術には流行がありま

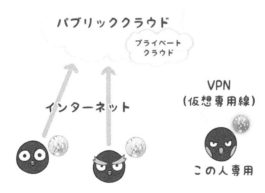

図8.17　プライベートクラウド(ホスティング型)

LAN

会社の中でやってます

図8.18 プライベートクラウド(オンプレミス型)

す。古い技術だと思われていたものが、いくつかのサイクルを経て、衣を換えて最新技術として登場することはままあるので、何のために使うのかを熟慮して、採用する技術を決めることが重要です。

参考文献

井上直也ほか『マスタリング TCP/IP 入門編（第 6 版）』オーム社、2019
　TCP/IP ネットワークの入門書として鉄板です。本書の先へとステップして行きたい方に。

竹下恵『パケットキャプチャ入門 第 4 版〜 LAN アナライザ Wireshark 活用術〜』リックテレコム、2018
　ネットワーク上でやり取りされる「パケット」の中身を、実際に覗いてみたいときに。

クレイグ・ハント『TCP/IP ネットワーク管理 第 3 版』オライリージャパン、2003
　過去から未来へと続くインターネットの文脈を知るのに良い本です。

米田正明『電話はなぜつながるのか』日経 BP 社、2006
　インターネットの対比として、「電話はどうなってるの?」を知りたいときに。

アルバート・ラズロ・バラバシ『新ネットワーク思考』NHK 出版、2002
　ネットワーク技術の本ではありませんが、日常のあるあるとネットワークの関わりの面白さに触れることができます。

参考 URL

プロトコルが何をどのように決めているのか知りたくなったら
https://www.ietf.org/rfc/

ポート番号の一覧が見たくなったら
https://www.iana.org/assignments/service-names-port-numbers/service-names-port-numbers.xhtml

索 引

数字

2.4 GHz 帯　174
3 ウェイハンドシェイク　78
5 GHz 帯　174

欧文

A

ACK　78
ACK 番号　79
APIPA　114
ARP　45
arp -a コマンド　46
ARP キャッシュ　46

B

BSSID　180

C

CA　182
CD　49
CS　49, 182
CSMA/CA　181
CSMA/CD　48
CTS　183

D

DHCP　162
DHCP リレーエージェント　163
DMZ　149
DNS　157
DNS ラウンドロビン　160
DNS レコード　158

E

ESSID　180

F

FIN　79
FQDN　156

H

Hello パケット　106
https　72

I

IaaS　210
ICANN　30
IEEE　174
IEEE802.11　174
IEEE802.1X　190
IP　5
ipconfig コマンド　57, 157
ipconfig/all コマンド　42
IPv4　109
IPv6　109
IP アドレス　30
IP マスカレード　123
ISM バンド　175

J

JPNIC　30

L

LAN　22

M

MA　49, 182
MaaS　213
MAC アドレス　42
MAN　22

MSS　59

N

NAT　117
netstat コマンド　71
nslookup コマンド　158

O

OSI 参照モデル　7, 8, 63
OSPF　105

P

PaaS　211
pop3　72

R

RIP　102
route print コマンド　96
RTS　183

S

SaaS　211
SMTP　72, 138, 169
SSID　179
SYN　78

T

TCP　8, 76, 78
TCP/IP プロトコルスイート　8
TTL　97

U

UDP　76, 77
UNC　30, 162

V

VPN　215

W

WAN　22
Well Known ポート　72
WEP　188
Wi-Fi　176
Wi-Fi　Alliance　176

Wi-Fi Direct　178
WPA　188

X

XaaS　207, 213

和文

あ行

アウトバウンドトラフィック　133
アドバタイズ　102
アドホックモード　177
アドレス　15, 27, 29
アドレッシング　31
アプリケーションゲートウェイ型
　140, 144
アプリケーション層　11, 140, 168
暗号化　187
イーサネット　42
イーサネットフレーム　62
異機種間接続　17
イソターネット　131
一意性　27
インターネット　5, 10
イントラネット　113
インバウンドトラフィック　133, 147
インフラストラクチャモード　177
ウイルス　143
ウイルス検査　144
エフェメラルポート　71
エンタープライズモード　188
エンド to エンド　10, 66, 75
応用ソフト　208, 212
オーセンティケータ　190
オーバヘッド　16, 21

オンプレミスシステム　196, 205, 215

か行

回線交換方式　12
階層化　33
仮想化　201
基本ソフト　208
クライアント　71, 197
クライアント／サーバシステム　197
クラウド　196, 203
クラッカ　74
グローバルアドレス　113
ゲートウェイ　95, 168
コスト　105
コネクション型通信　20, 21
コネクションレス型通信　20, 77
コリジョン　49
コリジョンドメイン　50

さ行

サーバ　71, 197
サブネットマスク　36
サプリカント　190
シーケンス番号　79
シンクライアント　207
スイッチ　53
スケールアウト　197
スケールアップ　197
スタティックルーティング　98
スタンドアローン　196
スライディングウィンドウ方式　83
スロースタート　87
セキュリティホール　139
セグメント　62
セッション層　10

全二重通信　10, 53
即時性　19

た行

ダイナミックポート　71
ダイナミックルーティング　99, 102
蓄積交換方式　14
通信規約　3
ディスタンス　99
ディスタンスベクタ型　99, 102
データオフロード　190
データベース記述パケット　106
データリンク層　9, 42, 55, 63
デフォルトゲートウェイ　57
透過的　117
トポロジ　101, 106
ドメイン　29, 155
トランスポートゲートウェイ型ファイ
　アウォール　136
トランスポート層　10, 62, 75, 135,
　141

な行

名前解決　157
認証サーバ　190
ネットワーク　2
ネットワークアドレス　34
ネットワークインタフェース　95
ネットワーク層　10, 30, 55, 63, 75,
　136, 167
ノード　35

は行

パーソナルモード　188
ハードウェア　207

ハウジング　199
パケット　14, 60, 77, 97
パケットフィルタリング型ファイア
　ウォール　136
パターンファイル　143
パブリッククラウド　214
半二重通信　10
ファイアウォール　132
ファットクライアント　207
フィルタリング　130
フィルタリングルール　134
復号　187
輻輳　50
物理アドレス　42
物理層　9, 41, 55, 168, 177
プライベートアドレス　108, 111
プライベートクラウド　214
フラグメンテーション　61
ブラックリスト　134
ブリッジ　50, 53
プレゼンテーション層　10
ブロードキャスト　10, 21, 55
プロトコル　3, 7, 26
閉域 IP 網　215
ペイロード　15, 62, 122
ベクトル　99
ベストエフォート　75
ヘッダ　15, 61, 77, 80
ポートスキャン　138
ポート番号　68, 73, 137
ホスティング　199
ホスト　35
ホストアドレス　34
ホップ数　92
ホワイトリスト　134

ま行

マルウェア　143
ミラーサーバ　159
無線 LAN　174
メトリック　94

や行

ユニキャスト　108

ら行

リアルタイム検索　144
リゾルバ　157
リピータ　50, 55
リンク状態更新パケット　107
リンク状態要求パケット　107
リンクステート型　100, 105
ルータ　33, 38, 54, 90, 135, 168
ルーティング　91
ルーティングテーブル　91

著者紹介

岡嶋 裕史 博士（総合政策）
（おかじま ゆうし）

1972 年 東京都生まれ
1999 年 株式会社 富士総合研究所勤務
2002 年 関東学院大学 経済学部専任講師
2004 年 中央大学大学院 総合政策研究科総合政策専攻博士後期課程修了
2005 年 関東学院大学 経済学部准教授
2014 年 関東学院大学 情報科学センター所長
2015 年 中央大学 総合政策学部准教授
現　在 中央大学 国際情報学部教授

NDC547　　234p　　21cm

絵でわかるシリーズ
（え）

絵でわかるネットワーク
（え）

2020 年 4 月 2 日　第 1 刷発行

著　者　岡嶋裕史
　　　　（おかじまゆうし）

発行者　渡瀬昌彦

発行所　株式会社　講談社
　　　　〒 112-8001　東京都文京区音羽 2-12-21
　　　　　　販売　（03）5395-4415
　　　　　　業務　（03）5395-3615

編　集　株式会社　講談社サイエンティフィク
　　　　代表　矢吹俊吉
　　　　〒 162-0825　東京都新宿区神楽坂 2-14　ノービィビル
　　　　　　編集　（03）3235-3701

本文データ制作 美研プリンティング　株式会社
カバー・表紙印刷 豊国印刷　株式会社
本文印刷・製本 株式会社　講談社

ISBN 978-4-06-519305-1

講談社の自然科学書

絵でわかるシリーズ

絵でわかる植物の世界	大場秀章／監修　清水晶子／著	本体 2,000 円
絵でわかる漢方医学	入江祥史／著	本体 2,200 円
絵でわかる東洋医学	西村甲／著	本体 2,200 円
新版　絵でわかるゲノム・遺伝子・DNA	中込弥男／著	本体 2,000 円
絵でわかる樹木の知識	堀大才／著	本体 2,200 円
絵でわかる動物の行動と心理	小林朋道／著	本体 2,200 円
絵でわかる宇宙開発の技術	藤井孝藏・並木道義／著	本体 2,200 円
絵でわかるロボットのしくみ	瀬戸文美／著　平田泰久／監修	本体 2,200 円
絵でわかるプレートテクトニクス	是永淳／著	本体 2,200 円
絵でわかる日本列島の誕生	堤之恭／著	本体 2,200 円
絵でわかる感染症 with もやしもん	岩田健太郎／著　石川雅之／絵	本体 2,200 円
絵でわかる麹のひみつ	小泉武夫／著　おのみさ／絵・レシピ	本体 2,200 円
絵でわかる樹木の育て方	堀大才／著	本体 2,300 円
絵でわかる地図と測量	中川雅史／著	本体 2,200 円
絵でわかる食中毒の知識	伊藤武・西島基弘／著	本体 2,200 円
絵でわかる古生物学	棚部一成／監修　北村雄一／著	本体 2,000 円
絵でわかるカンブリア爆発	更科功／著	本体 2,200 円
絵でわかる寄生虫の世界	小川和夫／監修　長谷川英男／著	本体 2,000 円
絵でわかる地震の科学	井出哲／著	本体 2,200 円
絵でわかる生物多様性	鷲谷いづみ／著　後藤章／絵	本体 2,000 円
絵でわかる日本列島の地震・噴火・異常気象	藤岡達也／著	本体 2,200 円
絵でわかる進化のしくみ	山田俊弘／著	本体 2,300 円
絵でわかる地球温暖化	渡部雅浩／著	本体 2,200 円
絵でわかる宇宙地球科学	寺田健太郎／著	本体 2,200 円
新版　絵でわかる生態系のしくみ	鷲谷いづみ／著　後藤章／絵	本体 2,200 円
絵でわかるマクロ経済学	茂木喜久雄／著	本体 2,200 円
絵でわかる日本列島の地形・地質・岩石	藤岡達也／著	本体 2,200 円
絵でわかるミクロ経済学	茂木喜久雄／著	本体 2,200 円
絵でわかる宇宙の誕生	福江純／著	本体 2,200 円
絵でわかる薬のしくみ	船山信次／著	本体 2,300 円

※表示価格は本体価格（税別）です。消費税が別に加算されます。　　「2020年3月現在」

講談社サイエンティフィク　 https://www.kspub.co.jp/